U0508832

近代经济生活系列

灾荒史话

A Brief History of
Disasters and Famines in China

刘仰东　夏明方 / 著

社会科学文献出版社
SOCIAL SCIENCES ACADEMIC PRESS (CHINA)

图书在版编目（CIP）数据

灾荒史话/刘仰东，夏明方著. —北京：社会科学
文献出版社，2011.10
（中国史话）
ISBN 978 - 7 - 5097 - 1945 - 9

Ⅰ.①灾… Ⅱ.①刘… ②夏… Ⅲ.①自然灾害 -
历史 - 中国 - 近代 Ⅳ.①X432 - 092

中国版本图书馆 CIP 数据核字（2011）第 111486 号

"十二五"国家重点出版规划项目

中国史话·近代经济生活系列

灾荒史话

著　　者／刘仰东　夏明方

出 版 人／谢寿光
出 版 者／社会科学文献出版社
地　　址／北京市西城区北三环中路甲 29 号院 3 号楼华龙大厦
邮政编码／100029

责任部门／人文科学图书事业部 （010）59367215
电子信箱／renwen@ ssap. cn
责任编辑／王学英　邵长勇
责任校对／高忠磊
责任印制／岳　阳
总 经 销／社会科学文献出版社发行部
　　　　　（010）59367081　59367089
读者服务／读者服务中心 （010）59367028

印　　装／北京画中画印刷有限公司
开　　本／889mm×1194mm　1/32　印张／5.375
版　　次／2011 年 10 月第 1 版　　字数／98 千字
印　　次／2011 年 10 月第 1 次印刷
书　　号／ISBN 978 - 7 - 5097 - 1945 - 9
定　　价／15.00 元

本书如有破损、缺页、装订错误，请与本社读者服务中心联系更换
▲ 版权所有　翻印必究

《中国史话》
编辑委员会

主　　任　陈奎元

副 主 任　武　寅

委　　员　（以姓氏笔画为序）

卜宪群　王　巍　刘庆柱

步　平　张顺洪　张海鹏

陈祖武　陈高华　林甘泉

耿云志　廖学盛

总 序

中国是一个有着悠久文化历史的古老国度，从传说中的三皇五帝到中华人民共和国的建立，生活在这片土地上的人们从来都没有停止过探寻、创造的脚步。长沙马王堆出土的轻若烟雾、薄如蝉翼的素纱衣向世人昭示着古人在丝绸纺织、制作方面所达到的高度；敦煌莫高窟近五百个洞窟中的两千多尊彩塑雕像和大量的彩绘壁画又向世人显示了古人在雕塑和绘画方面所取得的成绩；还有青铜器、唐三彩、园林建筑、宫殿建筑，以及书法、诗歌、茶道、中医等物质与非物质文化遗产，它们无不向世人展示了中华五千年文化的灿烂与辉煌，展示了中国这一古老国度的魅力与绚烂。这是一份宝贵的遗产，值得我们每一位炎黄子孙珍视。

历史不会永远眷顾任何一个民族或一个国家，当世界进入近代之时，曾经一千多年雄踞世界发展高峰的古老中国，从巅峰跌落。1840年鸦片战争的炮声打破了清帝国"天朝上国"的迷梦，从此中国沦为被列强宰割的羔羊。一个个不平等条约的签订，不仅使中国大量的白银外流，更使中国的领土一步步被列强侵占，国库亏空，民不聊生。东方古国曾经拥有的辉煌，也随着西方列强坚船利炮的轰击而烟消云散，中国一步步堕入了半殖民地的深渊。不甘屈服的中国人民也由此开始了救国救民、富国图强的抗争之路。从洋务运动到维新变法，从太平天国到辛亥革命，从五四运动到中国共产党领导的新民主主义革命，中国人民屡败屡战，终于认识到了"只有社会主义才能救中国，只有社会主义才能发展中国"这一道理。中国共产党领导中国人民推倒三座大山，建立了新中国，从此饱受屈辱与蹂躏的中国人民站起来了。古老的中国焕发出新的生机与活力，摆脱了任人宰割与欺侮的历史，屹立于世界民族之林。每一位中华儿女应当了解中华民族数千年的文明史，也应当牢记鸦片战争以来一百多年民族屈辱的历史。

当我们步入全球化大潮的 21 世纪，信息技术革命迅猛发展，地区之间的交流壁垒被互联网之类的新兴交流工具所打破，世界的多元性展示在世人面前。世界上任何一个区域都不可避免地存在着两种以上文化的交汇与碰撞，但不可否认的是，近些年来，随着市场经济的大潮，西方文化扑面而来，有些人唯西方为时尚，把民族的传统丢在一边。大批年轻人甚至比西方人还热衷于圣诞节、情人节与洋快餐，对我国各民族的重大节日以及中国历史的基本知识却茫然无知，这是中华民族实现复兴大业中的重大忧患。

中国之所以为中国，中华民族之所以历数千年而不分离，根基就在于五千年来一脉相传的中华文明。如果丢弃了千百年来一脉相承的文化，任凭外来文化随意浸染，很难设想13亿中国人到哪里去寻找民族向心力和凝聚力。在推进社会主义现代化、实现民族复兴的伟大事业中，大力弘扬优秀的中华民族文化和民族精神，弘扬中华文化的爱国主义传统和民族自尊意识，在建设中国特色社会主义的进程中，构建具有中国特色的文化价值体系，光大中华民族的优秀传统文化是一件任重而道远的事业。

当前，我国进入了经济体制深刻变革、社会结构深刻变动、利益格局深刻调整、思想观念深刻变化的新的历史时期。面对新的历史任务和来自各方的新挑战，全党和全国人民都需要学习和把握社会主义核心价值体系，进一步形成全社会共同的理想信念和道德规范，打牢全党全国各族人民团结奋斗的思想道德基础，形成全民族奋发向上的精神力量，这是我们建设社会主义和谐社会的思想保证。中国社会科学院作为国家社会科学研究的机构，有责任为此作出贡献。我们在编写出版《中华文明史话》与《百年中国史话》的基础上，组织院内外各研究领域的专家，融合近年来的最新研究，编辑出版大型历史知识系列丛书——《中国史话》，其目的就在于为广大人民群众尤其是青少年提供一套较为完整、准确地介绍中国历史和传统文化的普及类系列丛书，从而使生活在信息时代的人们尤其是青少年能够了解自己祖先的历史，在东西南北文化的交流中由知己到知彼，善于取人之长补己之短，在中国与世界各国愈来愈深的文化交融中，保持自己的本色与特色，将中华民族自强不息、厚德载物的精神永远发扬下去。

《中国史话》系列丛书首批计 200 种，每种 10 万字左右，主要从政治、经济、文化、军事、哲学、艺术、科技、饮食、服饰、交通、建筑等各个方面介绍了从古至今数千年来中华文明发展和变迁的历史。这些历史不仅展现了中华五千年文化的辉煌，展现了先民的智慧与创造精神，而且展现了中国人民的不屈与抗争精神。我们衷心地希望这套普及历史知识的丛书对广大人民群众进一步了解中华民族的优秀文化传统，增强民族自尊心和自豪感发挥应有的作用，鼓舞广大人民群众特别是新一代的劳动者和建设者在建设中国特色社会主义的道路上不断阔步前进，为我们祖国美好的未来贡献更大的力量。

陈奎元

2011 年 4 月

作者小传

刘仰东，祖籍辽宁辽阳，1960年7月8日生于呼和浩特，在北京长大。先后毕业于中国人民大学历史系、清史研究所，获博士学位。现为人民政协报高级编辑。

作者小传

夏明方，男，安徽庐江人。1982 年 6 月毕业于安徽省庐江师范学校，曾多年从事农村中小学教育工作，并在合肥教育学院进修。现为中国人民大学清史研究所教授。2004年当选中国灾害防御协会首届灾害史专业委员会副理事长，2008 年任常务副理事长。主要研究领域为中国近代灾荒史、环境史以及社会经济史。曾参与撰写《近代中国灾荒纪年续编》、《中国近代十大灾荒》，与人合编《20 世纪中国灾变图史》（上下册）、《天有凶年——清代灾荒与中国社会》以及资料丛书《中国荒政书集成》、《民国时期社会调查丛编》及《二编》，出版专著《民国时期自然灾害与乡村社会》。

目 录

引 言

　　这本书要回顾和介绍的是发生在 1840～1949 年的自然灾害以及与此相关的一些史事。中国近代不仅是一个政治意义上多灾多难的历史时期，又是一个各种自然灾害频发、覆盖面广和天灾人祸相互交乘的历史时期。据有的学者统计，晚清时代（1840～1911）的 70 年多里，全国共发生各种自然灾害 1354 起，按年次计，少则 5 起（1891），多则 35 起（1887），年均约 19 起，每月约 1.5 次。另据有的学者统计，这个时期的清代版图上，每年约有 18 个省区遇到各式各类的灾情，这已经超过了清政府一级行政区的 2/3。换言之，每年都有大半个中国处于各种自然灾害的无情袭扰之下。进入民国以后，这种情况并没有得到什么改观。在这一百年里，发生过多次几十年不遇，甚至前所未遇的大灾荒、大饥馑，这些大灾荒对中国近代社会的政治、经济、军事和文化等各个领域都有过这样或那样的影响。要完整而准确地认识和理解中国近代史，灾荒显然是一个不应回避的方面。当然，用 10 万字的篇幅，对近代社会和如此频发的自然灾害做出全面、深入的叙述，是很难做到的。我们力求概括出近代中国百余年间自然灾害的总体面貌，以及对一些特别严重的灾事，联系国情做尽可能详细一点的描述和回顾，对有些与灾荒相关的历史问题，也做一些分析。

我们还想告诉读者，在人类还不能控制自然的情况下，灾荒既是一个过去的话题，又是一个现在的话题，还是一个将来的话题。从1990年到2000年，全球正在开展"国际减轻自然灾害十年"的活动，恰恰在这个当口，包括美国、俄罗斯、欧洲、日本、朝鲜和中国在内的许多国家和地区都发生了惨重的自然灾害。仅1994年，全球因自然灾害而造成的经济损失估计就高达650亿美元。我们在这个世纪之交回顾上个世纪之交的百年间的灾荒历程，看看近代中国灾害频发，与外国的侵略、政治的动荡、统治者的腐败，是怎样造成人民的痛苦、社会的停滞，这会加深我们对近代中国历史的认识，加深我们对国情的理解。以往救灾、治灾的历史教训，对今后可能出现的灾荒，不无借鉴意义。

一　道光后期的水患

　　提到道光朝，我们会马上将"1840 年—鸦片战争—不平等条约—中国社会的半殖民地化"联系起来，习惯地想到国难当头的政治局面，这也是客观的历史实际。鸦片战争和作为其结局的《南京条约》，不论在政治上、经济上还是社会心理上，所产生的震撼实在是太剧烈了。但是，鸦片战争毕竟覆盖不尽 1840 年前后中国社会的全部苦难。从 1841 年到 1843 年，发生了连续三年的黄河大决口；七八年后，又发生了连续三年（1848～1850）的长江水患。如果我们换一个视角，从自然灾害的为患上看道光朝后期的中国社会，也许会有一些新的体会。

开封——险象环生的二百天

　　道光二十一年（1841）夏秋以后，古城开封的居民因黄河决口，经历了长达 8 个月惊心动魄的"非常之险"。

　　当年夏天，黄河出现全流域性的涨势。甘肃宁夏府，黄河于六月初八至十一日涨水八尺一寸，河南陕州万锦滩黄河于六月初五、初六、初九等日七次共涨水二丈一尺六寸；河南武陟沁河于六月初五、六、七日三次涨水四尺三寸。这场黄河的伏汛涨水，不仅呈前罕见之势，而且水色浑浊，前涨未消而后涨踵至，促成了黄河中下游水势骤猛，大河汹涌，险象迭现的危急局面。

道光二十一年六月十六日（1841 年 8 月 2 日）辰时，黄河浊流一涨再涨之后，终于在河南祥符县（今属开封）上汛三十一堡决口。此处正南对着河南省城开封，距离不过 15 华里，冲出决口的黄水以建瓴之势，凄厉地呼啸着漫卷而下，掀起了满天的黄尘和灰雾，转眼间就吞没了一个又一个村庄，直迫省城。六月十七日子时，黄水冲破护城大堤，围住了开封！

这时，那位在稍后参加签订《南京条约》的牛鉴还在河南巡抚任上，他在随后的一份紧急奏报中声称已经同驻于黑堽的河道总督文冲失去了联系，这两地虽间距仅 20 余里，一片汪洋，声息不通。在几近绝望中，他只能对天号泣，长跪请命，祈求上苍保佑。署理河南巡抚鄂顺安后来回顾说，省城被围之后，其非常之险层见叠出。

所谓层见叠出的"非常之险"，最初究竟是什么样的情状呢？据赵钧《过来语》记："六月初八日，黄河水盛。至十六日，水绕河南省垣，城不倾者只有数版。城内外被水淹毙者，不知凡几。"这只是一个十分笼统的概括，但也不难从中推见，惊涛骇浪，呼啸而至，水高丈余，田庐湮没，城垣坍塌，人民荡析离居，城中万户哭声的灾难性场面。当时的一些地方官吏应急乏策，只好匆促重赏雇夫，将五座城门全行堵闭。但由于开封城墙是外砖内土的建筑结构，因年久失修，砖多剥落，简直防不胜防，漫水很快冲漏了地势低洼的城西南一段，瓦解了这种纯封闭式的护城办法。河南巡抚牛鉴不得不自发事的三十一堡乘小船绕道回城，监督堵筑。由于河水湍急盘旋，势不可当，在最初几天的守城过程中，就付出了巨大的代价。七月十七日到二十日，城南门地段水深持续在一丈四五尺上下，用去星夜赶做的紫土坝十余道及土饯数十丈，"前之冲漏者乃得完固"。而与此同时，曹门、宋门附近也因为地势低洼，水势益发猛烈，许多地段城垛坍塌，月墙皲裂，又赶紧堆土坝堵塞，但有的地方由于地势太低，反复堵筑，仍是堵不胜堵，无奈之下，只好赶用数十万个棉被棉袄，加上布袋砖包，一拥而上，总算暂时缓解了黄水的压力，但开封城已形如釜底，没有得到实质性的改变。更重的灾情还在后头。

立秋以后的一段时间，是中国北方一年当中最怡人的时节。然而，道光二十一年（1841）的秋天，人们却沉浸在弥漫半个中国的天灾和人祸的气氛中。紫禁城里被鸦片战争的战火扰得寝食不宁的道光皇帝，还不能不分出精力来批阅和思虑从河南灾区不断驰递而来的奏折。就在六月二十二日，河水再次猛涨，咆哮声声，使本来就被黄水围困的开封城受到更为严峻的威胁。第二天，大水直冲开封城北的护城堤，形势特别紧迫，有人提出立即迁省会于洛阳，巡抚牛鉴在奏折中则坚持认为："事之至重至急，无有逾于保卫省城者，并无顾此失彼之虑"，大有力排众议，坚守城池的决心。但是，牛鉴的守护省城，是不惜以牺牲开封周围的许多地区为代价的。他一面向朝廷不断上报荥泽、中牟、郑州、内黄、封丘、考城、武陟、孟县、原武、孟津等州县被淹，一面却对这些被淹地区置之不顾，专为守住开封一个孤城而不惜血本：用重价购买砖块或买民间破屋或拆毁废庙，赶做磨盘鸡咀等坝及小砖垛数百道。由于水势凶猛，大坝随筑随淹，只好再拆掉城上垛墙及教场贡院等公所砖石应急，虽属剜肉补疮之举，但舍此也实无他法了。当时任开封府知府的邹鸣鹤对农历七月初七日到十五日之间抢护开封城有过一段相当生动而又令人心悸的记录——

抢护官绅奔命不暇，自初七（8月24日）以来，每日辄长水五七尺不等，加以天时阴惨，大雨滂沱，城内坑塘尽溢，街市成渠。城上督工官弁及做工人夫等上淋下潦，咸胼胝于泥淖之中。而溜益加紧，砖质轻浮，随抛随拆，业已计无复之，随搜买磨石二千余盘及重大石块无算，并飞札济源、巩县等处采买碎石运省应用，将巨石向城角抢抛，俟立住脚底，再以砖块加抛，抛成后复抛重石盘压砖坝，乃不至随流淌泻。城外堤口各村庄，溜所过成泥沙，淹溺死者，不可胜算。甚有攀援上树哀号求救，声不忍闻，而波浪掀天，船不能渡，至水涌树倒，随流而逝者不可胜计。其余迁高阜者半，避入城内者半，而城内民房泡塌，徙避城垛者每日增添。

此后，大水仍无退去的迹象。开封的城墙毕竟年代已久，长时间承受大水的冲击和围困，后果可想而知。有的地段的城墙愈形酥损，到处坍陷；有的地段此修彼坏，百孔千疮；甚至有些地段的城墙堵而再毁，如是反复者达十余次，情形岌岌可危。七月十六日（9月2日），大溜再一次排山倒峡地袭来，城根汕刷，坐蛰之处比比皆是。牛鉴别无选择，唯一的办法就是抛石护城，这位自知负有"守土牧民"重任的封疆大员面对开封陆沉的严重后果，干脆住到了城头上"躬督抢抛"，但仍扼阻不住黄水狂涨的势头。三天以后，大溜又以澎湃之势将城墙冲塌五丈余长，把执拗地认为凭当时的人力和物力"以之堵大堤则不足，以之卫省城则有余"的牛鉴，几乎推向了绝境。七月二十日，道光皇帝鉴于水围匝月，情形危迫，命牛鉴将城内居民及早迁徙，官员也酌量迁避。牛鉴在万般无奈之中，只好又设香案，率下属望北叩祷。七月二十三日（9月9日），最危险的时刻出现了。一位目击者形容当时的险迫情形时称："浪若山排，声如雷吼。城身厚才逾丈，居然迎溜以为堤，而狂澜攻不停时，甚于登陴而御敌。民间惶恐颠连之状，呼号惨怛之音，非独耳目不忍见闻，并非语言所能殚述。"当天，用于护城的物料已竭尽，城内官民面对狂澜，只有束手待毙了。幸而在这时，有两只料船自北冒险飞渡而来。大概就是这两只船内的物料，加上官民日夜冒死的抢护，古老的开封城才不致在大水中覆没。整个秋天，城内官民很难过上一个可以安眠的长夜，"溜去则城稍定，溜到则城必塌"，甚至一天要塌几次，每次必至危极险，计共塌城区十六七次，刻刻有满城性命之忧。应当承认，守城的官兵和民众，虽面临"登陴御敌"之状，并无惧色，凡可御水的柴草砖石，无不购运如流；凡力能做工的弁役兵民，无不驰驱恐后。包括兰仪汛都司邱广至在内的许多官民都曾因抢护城垣而落水，不少人因此付出性命。他们的凝聚力与抗灾精神，与同一个时间在福建、江浙沿海抗击英国侵略者的官兵们的御侮气概相比，是并不逊色的。

入冬以后，黄水仍不时汹涌奔流，呼啸而来。直至次年春天，大水始终威胁着开封，长达8个月之久。虽不致呈排山倒海之势，但由于整座城市被水长期围困，城墙水泡越久，越是岌岌可危，随时可能出现难以预料的局面，防护工作变得更为吃力。况且鸦片战争正在进行，清政府在腹背受敌、军费浩繁、战局每况愈下的情势下，已经很难腾出足够的精力和财力对开封提供实质性的帮助。好不容易筹措了500余万两银子，几经周折，一直到第二年的二月二十三日（4月3日），才总算使用上，祥符决口也最终堵合了。

这场来势如此迅猛的特大洪水，当然不仅仅是危害了开封一城，洪水的走向，是将灾难延伸到了广袤的中华腹地。河决祥符后，大溜直奔开封西北角，然后分流为二，汇向东南，又分南北两股，行经之处，覆盖了河南、安徽两省共 5 府 23 州县。其他如江南（今江苏）、江西、湖北等省，也有被灾地方。关于灾况，虽然查不到特别翔实和具体的记载，但从一些目击者或当事人的记录可知，洪水所到之处，往往人烟断绝，有全村数百家不存一家者，有一家数十口不存一人者。至于灾民荡析离居，颠沛流离的情景，更是比比皆是。当时任翰林院检讨的曾国藩在家书中提到："河南水灾，豫楚一路，饥民甚多，行旅大有戒心。"这恐怕是灾区较为真切的社会实况。

这次大洪水的危害，还不仅仅在于灾民的生命和财产，由于洪水包围的是河南省的统治中枢，一省巡抚所能做的，仅仅是组织城内的军民拼命护城而已，那么，这次河决所导致的正常的政治、经济、文化秩序的瘫痪从而导致的社会秩序的破坏，无疑不仅仅限于一个开封城和所有灾区，而是整个河南省。它与一场社会因素所带来的社会秩序的巨大破坏，是完全可以相提并论的。

 ## 国难与河患的交错

从祥符黄河决口的堵合，到黄河在桃源县的再决口，黄河中下游流域仅仅平静了 4 个多月。

道光皇帝无暇为黄河流域的这段暂时平静松口气。因为在距此并不太远的长江下游流域，鸦片战争已经进行到了最关键的时刻。1842 年 5 月，英军撤出所攻占的宁波和镇海，此后，攻占江浙两省的海防重镇乍浦，炮口对准了长江。6月，英军攻打吴淞炮台，宝山、上海相继失守。7月下旬，英军进攻长江南岸的镇江，在这里发生了激烈的巷战，随后镇江失守。恩格斯在获悉镇江守军英勇的抗战情形后赞扬道："如果这些侵略者到处都遭到同样的抵抗，他们绝对到不了南京。"然而，一旦过了镇江，南京便指日可下了。

还有一位比道光皇帝更真切地体验了天灾和兵燹交织之苦的当事人，他就是祥符决口几个月后被擢为两江总督的牛鉴。在前一年的黄河决口中，牛鉴曾据守开封城头，力排他议，为抢护开封城尽了一份气力。牛鉴的保守开封，是以牺牲河南广大的州县灾区为代价的，而当1841年秋他升任两江总督，从黄泛区转到长江下游鸦片战争的战场上时，竟连这点据守孤城、舍身御难的精神也丧失了。1842年初夏，他和江南提督陈化成奉命扼守吴淞炮台，阻止英军战舰驶进长江。但6月吴淞战役中，牛鉴闻风丧胆，临阵逃遁，与英勇作战、据塘击沉三艘敌舰而后捐躯的陈化成形成了鲜明的对照。吴淞炮台失陷后，英舰长驱直入，牛鉴一退再退，躲进了南京城里。到这年夏秋间，他已经和赶到南京的耆英、伊里布商讨怎样与英军议和了。

恰恰就在此时，黄河突于江苏桃源（今属泗阳）北崔镇决口190余丈。刚刚平静了4个多月的黄河水，再一次发出凶猛的咆哮。这次的决口处位于黄河下游。前此，南河河道总督麟庆也曾将甘肃、宁夏、河南等地黄河水位上涨的具体数字和险情频频奏报给道光皇帝。但是道光帝拿不出切实可行的防洪方案，因而明知决口在即，身为河道总督的麟庆，除了从事于极原始的加高堤埝等堵防措施外，也只好望河兴叹，"惊恐万分"了。

果然，就在黄河下游沿岸四处报危的紧要关头，8月22日凌晨，一场来自西南的强劲暴风突然袭过桃源县北崔镇一带的黄河河面，水乘风势，掀起冲天的大浪，迅猛地冲破堤口，直穿运河，然后灌入六塘河东区。原来的黄河河道，因桃源决口随即断流。

这次的桃源决口，相对上一年的河南水灾，因位处黄河下游，离出海口不远，因而淹浸面积较少。然而受灾面积的多少并不完全意味着灾情的轻重，也不意味着灾情影响的大小。黄河决口后，大溜趋注六塘河，据麟庆探查，六塘河两岸"并无城郭居民"，真正令他"心胆俱碎"的，是害怕大水冲断了运河的驿路。当时《南京条约》尚未签订，坐卧不宁的道光帝一旦得不到及时报来的军情，后果可想而知。因而在决口的第二天一早，麟庆即渡河到运河查看，赶紧设法疏通运河河道。事实上，决口一个多月后，道光皇帝仍得不到一份详细的水灾图说报告，他在上谕中催促说："现在黄河桃北漫口，回空军船阻滞，朕心实深廑念。前有旨令麟庆查明漫口丈尺，绘图贴说驰递呈览，自应遵旨驰奏，以慰朕怀……迄今并未奏到，发递折件理宜权事理之轻重，事关军务，原应驰奏……"显然，朝廷所最关心的，是"军船阻滞"的"军务"问题。当时，英国的兵舰还在长江江面上游弋，中英双方正在就战后事宜节节交涉。在朝廷看来，防范英人再起事端的"军国大事"仍不能从日程上抹去。桃源河决虽然没有直接影响鸦片战争的进程，但水灾引起正河断流造成的军船阻滞，恰恰是出现在中英谈判的关键当口，这无疑从政治心理上又一次打击了道光皇帝。

尽管这次黄河决口所影响的范围仅限于苏北地区，也没有出现如上一年水围开封时那样惊心动魄的情景，但仍可以肯定地说，1842 年的桃源决口，同样给当地人民造成极大的困苦。当时的江苏巡抚程矞采向朝廷报告说："窃照桃源、萧县二县，本年或因扬工漫溢，或因开放闸河水势过大，以致田亩庐舍均被浸没，居民迁徙，栖食两无。""在田秋粮尽被淹浸。驿路亦被淹没。"我们还可以从麟庆所记录的决口情景中想象到灾情的紧迫和严重程度，他自称看到河决之状时，"心急如焚，恨不能即时堵闭，无如水深溜急，料物一时难济"。他还谈道："地方官多雇小船，并备馍饼席片赶紧散放……"如此说，起码在萧县和桃源一带，大水已经造成了一片汪洋的泛滥局面。而当时正值秋收的前夕，这对于靠天吃饭的普通农村老百姓来说，当会蒙受一场何等惨重的灾难性打击！

黄河泛滥了两个月以后，朝廷派来的勘查大臣户部尚书敬征、工部尚书廖鸿荃一行会同当地官员对受灾的村镇进行了一次详细访查。据他们报告，在桃源境内黄河北岸，秋禾多遭淹没，庐舍也间有冲塌。情形较重，成灾九分者，共 17 图；受灾七分者，共 11 图。沭阳县境内的 9 镇 13 堡秋禾无获，成灾五分。其他如清河、安东、海城诸县中的许多村镇也因先旱复淹，收成欠佳。另据淮安府知府曹联桂报告，桃源县应需赈抚的百姓 10516 户，其中大人 17492 口，小孩 9188 口。

上列数字已经使人感到了大水退去后的悲惨气氛。在方圆数百公里的苏北大地上，岂止失去了一个丰收的金色的秋天，更没有了炊烟和鸡鸣，没有了田园和庐舍，没有了往时正常的生活秩序。剩下的只有黄水造成的灾难性的残迹以及流离失所，对天呻吟的灾民们。安土重迁的百姓面临的只有一条生路——逃荒。

大水过后，有人做了另外一项较为周密的实地勘查，设计出决口以下各处清淤、筑坝、移民等工程并计算了所需费用，估计需银 760 余万两。清政府在刚刚结束的鸦片战争中消耗了大量军费，元气大损；又因《南京条约》的签订需向英国赔款 2100 万元，如此沉重的财政负担已经让朝廷挣扎在无形的压力之下，它还怎么能马上拿出那么多的银子，来实施旨在治理黄河下游水患的大规模的工程呢？麟庆就曾坦言说："惟堵坝挑河需费不少，值此军兴之后，拨款维艰。"

此后未及一年，浊浪再起。1843 年 7 月 23 日（农历六月二十六日），雷鸣电闪，暴雨又下了一昼夜。到 24 日黎明，大雨间忽然东北风大作，扬起超过大堤数尺的高浪来。面对呼啸而来的排天巨浪，正在中牟县下汛八堡抢护先行垫塌的官兵顿时立足不稳，束手无策，眼睁睁看着大水奔腾，将中牟下汛九堡冲决，塌宽一百余丈。洪水自中牟县北部流向东南，经贾鲁河入涡河、大沙河，而后夺淮归洪泽湖。因而可以明确地说，这次决口于河南中牟的黄河水灾，直接覆盖了豫、皖、苏三省的几十个县以及更多的村镇。

作为灾区中心的决口地带，由于大水吞没了成片的村庄，灾民们无家可归，纷纷逃到地势较高的堤坝上，眼看着房舍树木随水漂去，焦虑惊恐，"嗷嗷待哺"。中牟县是受灾最重的地区，此外，就整个河南省而言，在1843年的汛期大约有几十个州县遭到或轻或重的水灾的打击，其中有16个州县因中牟决口被淹，以祥符、通许、阳武等县受灾最重；陈留、杞县、淮宁、西华、沈丘、太康、扶沟等7县也受灾较重。中牟上游的郑州、汜水、商水等10州县也因黄河泛滥受灾。

与水灾波及面相呼应的，是这场灾难的社会影响。1844年5月26日，河南巡抚鄂顺安的奏折说：灾区"洼下地亩，冬春以来，水未消涸，麦已无收。今漫口未堵，此后大汛经临，水势有增无减，更难望其涸出，补种秋禾。此等失业贫民，夏秋糊口无资，诚恐流离失所"。在他看来，一场大面积的饥馑，并因此而导致大规模的逃荒现象，是在所难免的了。此后相当长的一段时间内，祥符、中牟一带的黄河流域一直未能恢复元气。数年之后的1851年初春（咸丰元年），时任陕西布政使的王懿德自北京起程赴任，途至河南，他注意到祥符至中牟一带，宽60里，长数百里的地段地皆不毛，居民无养生之路。

在安徽，灾情同样很重。黄河决口后，漫水席卷田庐，冲往淮河，最终汇入洪泽湖。其间安徽境内的淮河流域普遭不测。安徽巡抚程楙采向朝廷报告说，凤阳一带的水势旋涨旋消，临淮驿路一片汪洋。水面宽60余里，非舟不渡。"闰七月上旬"及"十三、十四"等日，又连降大暴雨，使泗州、五河等30余县处于大雨和黄、淮洪水夹击的危境中，真是雪上加霜。又据程楙采奏报，由于黄水来源未断，而沿淮一带州县又复连日大雨，以致黄淮并涨，宣泄不及，田庐尽被浸淹。目击情形深堪悯恻。看来，安徽某些地区的灾情，同河南几乎不相上下，只是安徽省灾区距河决处尚有不近的一段距离，黄水漫决后一般呈散流漫溢的走势。中牟的惊涛骇浪，在安徽地界里，毕竟是掀不起来了。

江苏北部靠近出海口，属黄河的尾闾地区，灾情要轻些，但也在一定程度上受到了中牟决口的影响，一些州县的秋禾被淹，大约有50多个州县受到或大或小的冲击。江苏的灾情固然不及豫、皖那样严重，似乎也不曾见有"一片汪洋"一类骇人的记载，但江苏是此期间因鸦片战争而罹祸最重的地区之一，沿江许多富饶的城镇，惨遭兵燹之灾。如江苏巡抚孙宝善在奏折中曾谈及丹徒县的情况："被兵之后，民业甫复，二麦又被旱受伤，情形尤为困苦。"可以这样估计，由于战火直接创及长江口和长江下游的一些城填（如镇江等地），加上连续两年的苏南春旱，兼之上年的桃源决口以及这年的沭阳因河决遭水灾，南旱北涝，春旱秋涝，使包括美丽富庶的长江三角洲在内的整个江苏，陷于天灾人祸的几重打击之下。

3 长江——狂澜四起的三年

1848～1850年，是道光皇帝统治时期的最后几年。此期间，包括苏、皖、豫、浙、鄂、赣、湘、鲁、直等省在内的许多省区都发生或连年发生惨重的水灾。我们举连续三年发生大水灾的苏、浙、鄂、湘四省为例，从中一窥这个时期社会背景中自然灾害频重的一方面。

1848年夏天，江苏连降暴雨，黄河、长江的水势并涨，加上海潮汹涌，高达丈余，海水内灌，苏南地区遍地皆水。苏北则由于黄河滔滔下泻，洪泽湖水位以每日二三寸的速度增高，虽经接连开启车逻坝、昭关坝、义和水坝，洪泽湖水势稍减，但这样一来却导致了位于洪泽湖下游的高宝湖的积涨，最终引发里运河河堤溃溢。因而1848年的夏秋间，无论苏南苏北，都出现了生业荡然、哀鸿遍野、百姓流离的凄惨景象。苏北的灾民纷纷逃荒南下，苏南也是商贩稀少，粮价日增。有人估计从江苏逃到浙江的灾民，在万人以上。据统计，当年江苏全省受灾地区达65个厅、州、县及9个卫。

1849年，江苏省出现了更加严重的水患。5月下旬以后，或大雨滂沱，通宵达旦，或淫雨连绵，昼夜不止。江苏南部的苏州府、松江府、常州府、镇江府、太仓州所属各州县境内皆无处不灾。一些地势低洼的地区积水逾丈，如江宁省城里进行科举考试的贡院，

水深也达三四尺，以至原定 10 月举行的乡试，不得不
延期；就连两江总督的衙署里也有一二尺积水，南京
城里的居民纷纷避居钟山之上。这场大水由于持续时
间过长，不仅禾稼毁尽，庐舍也被淹没，许多地区仅
能见柳梢屋角。广大灾民栖食无着，或者流离乞讨，
或者被迫铤而走险。因而，这一年的夏秋间，江苏境
内"吃大户"、"借荒"、"抢夺"的案例十分多见。嘉
定县就出现了荒民拥挤到一富户家，造成附近河桥护
栏折断，淹死 30 余人的恶性事件。有的史料说，当时
乡间常有抢大户的现象发生，以致富户惊慌失措，纷
纷搬入城中。但仅可携眷，不能运物。运则无不被抢。

　　江苏省在连遭两年的水害之后，1850 年又出现了
洪泽湖沿堤石工蛰塌千余丈的险情，这也是连着两天
两夜的狂风暴雨所致，石工蛰塌之后的洪湖泽顿时咆
哮起来，由于风雨猛烈，抢护石堤的官兵根本不能立
足。此情景被当时的两江总督陆建瀛事后称为"见之
犹令人心悸"。当年的江苏省又有 61 厅、州、县及 9
卫陷于水患。

　　北邻江苏的浙江省，同样出现了连续三年的水患。
1848 年，官方宣称有 31 个县、卫遭灾。温州就在这年
秋天出现了连着几天的海潮和大风雨天。山水出，潮
水入，瓯江两岸一片灾情，低洼地带也是水与墙平，
漂溺不计其数。永嘉县的辽江区域出现了尸浮如萍的
惨景。

　　1849 年初夏以后，浙江省连雨 40 多天。省城内外
地势略低的居民宅舍以及驿路和田亩全被水淹。其他

如杭州、嘉兴、湖州、绍兴、严州等府所属的州县，灾情与省城大致一样。由于天气阴冷，不但被淹的田苗已损毁无救，即使长在高处尚未遭淹的禾苗也难见长势。浙江巡抚吴文镕发给朝廷的灾情报告，无非是"房屋倾圮"，"牲畜淹毙"，"灾黎无家可归，困苦颠连"一类的套话。一些私人笔记的描述，似乎要详细些。有的记说："五月，大雨弥月，洪水涨天……平时舟行河中，今日船摇宅上，农室倾坍，市店闭歇，尸浮累累，哀鸿嗷嗷。"也有的记说："是年夏，久雨而潮大，决萧山西江塘，水内灌及阶，陆地荡舟，乡人结群毁富户门乞米，日聚日众，欲漏方去。"尽管统治者下了"乘机抢夺，格杀勿论"的严令，但仍然难以禁止。当年浙江全省受灾田亩共达 9.9 万顷之多。

1850 年 7 月上旬以后，浙江省因狂风暴雨，潮势汹涌，一下子将海塘石工冲毁 60 多丈，以后又刷宽达百丈以上。海潮内灌，周围地区水深竟有 3 丈之高。两个月后，又连降两昼夜的倾盆大雨，加上西北风猛烈异常，连巡抚衙门里的百年老树也被吹折。这一年，浙江省又演成了 50 多个州县"庐舍坍塌，禾稻偃扑"的惨剧。由于海塘连决，酿成大灾，巡抚吴文镕也受到革职留任的处分。

两湖地区 1848 年到 1850 年，同样处在连年水害的困扰当中。两省都以 1849 年的灾情最为惨烈。由于江潮泛涨，湖北省江南地区 1848 年的夏天，几乎成了泽国。曾国藩在一封家信中谈及这次水情，称为"大水奇灾"。武昌城外的江潮几与城墙持平,被淹没的田庐不计其数,灾民嗷嗷待哺。地方官仅能在城楼上向灾民散发有限的干粮,但杯水车薪,湖广总督裕泰只好又请求朝廷从邻省拨一些银款充赈灾之用,可是当时东南各省无处不淹,朝廷明白,谁也拿不出钱来救济湖北的灾民,于是要求湖北省的地方大吏劝喻富绅阶层急公赴义,自行解决问题。实际上,湖北省的灾民们不仅当年没有得到救济和安置,而且喘息未定,便在下一年,遇到了更加厉害的水患。

1849 年夏天,湖北北部出现了连续 20 多天的倾盆大雨,势如河泻,导致各路山水齐发。上游四川、湖南、陕西之水汇归长江,下游江苏、安徽等省也因河湖涨溢,致使滔滔洪水在湖北境内到处泛滥。省城武昌积水达三四尺上下,城墙因浸淹日久,许多地段出现蛰塌,城内的房屋被淹者达十之七八。汉阳城的情况与武昌大致相似。而商业重镇汉口各商业铺户和民居,都泡在水中。盐务等业买卖几乎陷于停顿。城内外的灾民,有的移住船上,有的迁往高处,也有的干脆住在城墙上,露宿棚栖,甚为困苦。其他地区共有 30 多个州县,8 个卫也遭到了这场水患的无情的冲击,灾民们被迫荡析离居,乞讨他乡。一向商贾云集的汉口镇,因为便于谋食,在水灾之初,就聚集了大约 20 余万饥民。省城内外的灾民,在万人之上。两江总督裕泰几次指令地方官设法遣散这些灾民,但去者复来,无法杜绝。他们为了生存,不得不一而再、再而三地拥向武汉三镇。

比起前两年来，1850年的湖北水灾要略略轻缓些，但也是江、汉、湖、河并涨，30余州县和9个卫沦为灾区。黄冈还出现了狂风以致大树尽拔的灾情。此外，长江在江陵县境内两次决口，决口达170多丈。湖北境内的另一些地区又出现了程度不同的旱情。

湖南省这三年的水灾，以1849年最重，1848年次之，1850年稍轻。1848年夏季，湖南发生了全省性的大水。入秋以后，许多地区还是一直大雨不止，滨湖围垸大多溃损。各地新登场的谷物，尽生芽蘖，有的芽须长达三寸多，致使谷价昂贵，省城斗米千钱。全省各地的数十万灾民纷纷逃往长沙求食，一时间长沙内外哀鸿遍野，饿殍满城，惨不忍睹。湘阴一带水深与屋脊相齐，到第二年尚未退去。整个湖南省淹没的田庐人畜，数不胜数。

1849年的湖南水灾，被称作"己酉大荒"。这年入夏以后，全省大多数地区淫雨不绝，湘、资、沅、澧和洞庭湖等江湖水位突涨，造成了普遍的堤垸溃溢、田亩被淹和房屋倒塌。洞庭湖周围的武陵（今常德）、龙阳（今汉寿）、益阳、沅江、湘阴、澧州、安乡、华容等州县每地都有数十处甚至上百处堤垸被冲溃。由于上述地区滨临河湖，地势低洼，本属水灾频发之区，百姓平时就苟活在贫困的生存环境中，遇上这样的巨灾，更是无资糊口，无处栖身，大量的灾民背井离乡，沦为流民。长沙、善化一带和上年一样，又聚集了数十万饥民。《湖南自然灾害年表》对这场水患在各地引起的大饥荒作了这样生动和具体的描述：

宁乡饥民相率阗入富室，伐廪出谷，谓之。"排饭"，四五都尤甚。或采枯草充饥，盈路皆属饿殍。湘潭城乡散居饥民数万人。湘阴城内舟楫往来，竟成"水市"，不见星日，五月犹寒，溺病而死者无数。醴陵饥民络绎逃徙，四五千人为一队，觅食无着，遍地乏谷，终至倒地气绝。武冈人人皆是菜色，饥民或匿山中，见有负米者即邀夺之。武陵户口多灭。石门食盐亦随谷米俱尽，至次年犹多饿毙者。沅陵饥死者枕藉成列，村舍或空无一人。龙阳低乡绝户，漫无可稽。

有的灾区，鬻妻卖子已是寻常现象，而且价格相当便宜。由于流民遍野，饿殍载道，又得不到妥善的处置，致使全省的瘟疫大流行，一直延续到第二年的初夏。其间，死者无算。有的地区一日死者以数万计；也有的地区夜间出行若不持烛，便会踩着死尸；有扶杖提筐，行走间突然掷筐倒地而死的，也有正在敲门行乞中，倏忽无声死去的。其惨景真是骇人听闻。

需要说明的是，除了我们以上选择的这几个省份外，安徽、江西、山东、河南等省这期间也同样遭遇了惨重的水患。此后不久，就爆发了太平天国起义，而上列大部分省区，像湘、鄂、赣、皖、江、浙，都是太平军经历或统治过的区域。太平军之所以能所向披靡地从广西挺进到南京，太平军的队伍之所以能迅速地发展壮大，与这场连年跨省的大水灾当然不无关系。

二 多灾多难的咸丰时代

咸丰朝（1851～1861）是一个多事的年代，这十一年间，发生了太平天国起义、捻军起义和第二次鸦片战争；自然灾害肆虐，水旱蝗疫交乘。我们先从对黄河史和黄河流域而言具有划时代意义的铜瓦厢改道说起。

黄河大改道

咸丰五年六月（1855 年 7 月）。河南，兰阳铜瓦厢。

入伏以后，黄河两岸又到了险象环生的汛期。到 7 月下旬，昼夜不辍的淫雨及上游各支流汇注而来，使河水暴涨，两岸普遍漫滩，一望无际，有许多地方堤水相平。

7 月 31 日，署东河河道总督蒋启敭向朝廷报告：他任河北道多年，岁岁都要抢险，但从未见过水势如此异涨，也未见过黄水水流如此迅速。

第二天，即 1855 年 8 月 1 日，黄水终于借着一阵强劲的南风，掀腾起巨浪，冲决了位于河南兰阳县北岸铜瓦厢的堤岸。

河决之后，黄水将决口刷宽七八十丈，先向西北方向的封丘、祥符两县淹去，然后折转向东北，漫注河南兰阳、仪封、考城，直隶长垣（今属河南）、东明（今属山东）等县。此后又分为三股，一股由赵王河走山东曹州府迤南下注，一股由直隶东明县南北二门分注，经山东濮州（今属范县）、范县，至张秋镇汇流穿过运河，借大清河入渤海。大清河从此也为黄河替代。

铜瓦厢以东长达数百公里的黄河河道自此断流，原本横穿苏北汇入黄海的滔滔大河迅即化为遗迹。这就是载入史册的咸丰五年铜瓦厢黄河大改道。这是黄河自公元前 602 年以来的第二十六次大改道，也是在时间上距离今天最近的一次大改道，它奠定了直到今天的黄河走势。

一夜之间，黄水北泻，豫、鲁、直三省的许多地区顿受殃及。而清政府采取"暂行缓堵"的放任态度，无疑更加剧了这场灾难的广度和深度。一时间洪水浩瀚奔腾，水面横宽数十里至百余里不等。

由于铜瓦厢地处河南东部，改道之后黄水北徙，流向直隶和山东，因此河南主要灾区只有兰阳、仪封、祥符、陈留、杞县等数县，"泛滥所至，一片汪洋。远近村落，半露树梢屋脊，即渐有涸出者，亦俱稀泥嫩滩，人马不能驻足"。这是河决几个月后的情景，在有些地方，这样的局面持续了更长的时间，甚至变迁为沼泽地势。形成对照的是，兰仪以东旧有的黄河河道断流后，下游已成涸辙，数百里徒步可行，造成干旱缺水状态。萧县（今属安徽）位于兰仪以东，距铜瓦厢约一百公里，是旧黄河流经的地方。河决之后，1855年到1857年，萧县出现了连续三年的大旱，导致湖水干涸，飞蝗蔽天的荒情。这是黄河改道引起的自然现象的变化。非涝即旱，也正是黄河中下游流域自然灾害的一个重要特征。

直隶的开州（今河南濮阳）、东明、长垣等州县，也成了黄水泛滥的区域。黄水奔腾而来，东明县城恰当其冲，大水把县城团团围住，在足足两年的时间里，由于漫口不堵，黄水源源不断地涌来，县城日益吃紧。铜瓦厢改道两年后，直隶总督谭廷襄还向朝廷报告说，长垣县城的西北隅面临来自西、南黄水的围困，城砖蛰陷90余丈。他认为千疮百孔的长垣县城墙很难抵御伏汛时期袭来的黄水。

当然，最大和最重的灾区还在山东。1855年之前，黄河是沿着山东省的最南端，经豫东、皖北和苏北而汇入黄海的。当排浪冲天的黄河水自铜瓦厢突然北徙，呈东北的走向，分几股大流斜穿过山东腹地时，将会在山东省的境内，上演一场多么惨重的悲剧。河决一个多月后，1855年9月2日，山东巡抚崇恩向朝廷报告说，漫决的黄水滔滔涌来，从寿张、东阿、阳谷等县联界的张秋镇、阿城一带穿过运河，漫入大清河。运河两岸堤埝间有漫塌，大清河的水位竟然高过崖岸丈余，菏濮以下，寿东以上尽被淹没，其他如东平、汶上、平阴、茌平、长清、肥城、齐河、历城、济阳、齐东、惠民、滨州、蒲台、利津等州县均遭波及。多半个山东省都笼罩在大灾大难的气氛中。据官方对受灾程度的统计，灾情达十分的有 1820 个村庄；灾情九分者有 1388 个村庄；灾情八分者有 2177 个村庄；灾情七分者有 1001 个村庄；灾情六分者有 774 个村庄；六分以下者未统计。也就是说，灾情在六分以上的村庄，即达 7160 个。咸丰年间，山东是中国人口密度最高的省份之一，如果我们按每个村庄 200 户人家，每户 5 人统计，那么，山东省受灾六分以上重灾区的难民将逾 700 万人 。此后几年间，朝廷不得不连连下令，不同程度地减免受灾地区的额赋。透过这些统计数字，1855 年的黄河大改道对山东人民的社会生活带来何等剧烈的灾难性冲击，则了然于眼前了。然而，灾难并不是到此为止。山东省从此沦为黄泛区，从铜瓦厢决口到 1911 年清王朝覆亡，山东省因黄河决口成灾累计竟有 52 年之多，其中 38 年是决于省内的，在决口成灾的 52 年中，共决口 263 次，相当于改道前的 16 倍，决口之频繁确实惊人。从年景上看，改道前的 212 年中，山东只出现过 3 个特大洪年、5 个大洪年、12 个中洪年及 18 个小洪年。而改道后的 56 年中，竟出现了 3 个特大洪年，14 个大洪年，22 个中洪年及 13 个小洪年。

铜瓦厢黄河改道不仅引起了自然环境的巨大变迁，对于当时社会政治形势的影响，也十分明显。可以这样说，它对捻军起义的发展壮大，起了十分关键的甚至是决定性的作用。

1855 年 8 月以前，黄河还是阻碍捻军活动的一道天险。黄河下游流经豫、苏等省，把安徽和山东分别隔在黄河两岸。这使得活动在鲁皖两省的捻军不易沟通消息，协作行动；也为清兵的"进剿"提供了方便。面对黄河，捻军不能飞越，清军则倚河为险。改道后，给原黄河两岸的捻军创造了有利的发展机会。1855 年 8 月，捻军的各路首领在安徽蒙城雉河集会，乘黄河改道，不失时机地开始向北发展。第二年春天，张洛行率一部捻军攻打河南永城，随后跨过黄河故道，互通声息，协同作战。由于皖北的捻军事先已和太平军达成一致，他们北进山东境内后，马上也将鲁西南的捻军号召起来，形成声势浩大的与清廷抗争的武装力量。1856 年 7 月，淮北捻军逼近鲁南，山东境内的捻军起而响应，此散彼聚，使清军防不胜防。1858 年春，皖北捻军深入山东单县。到了 1860 年夏秋间，声势壮大的捻军又深入山东腹地，绕行千余里，袭击 20 多处州县，使山东省的捻军起义一时星火燎原。

黄河的决口及其北徙，给山东人民带来深创巨痛的灾难。黄水所过之地，桑田化为沧海，数十个府、州、县汪洋无际，难民流离失所，家破人亡，几乎丧尽了基本的生存条件和生存余地。而清廷因军费浩繁，饷糈无继，对黄河既不能迅速堵住决口，又不能作有效的疏导，对灾民更谈不上给予周备的救济。揭竿而起，就成为这场灾难很自然的社会演变的结果了。咸丰年间，在捻军不断发展壮大的队伍里，难民占了很大的比重，在崇恩上报给朝廷的奏折中，甚至出现了

"十余里民寨皆张帜应之，一时之间难民蔽川原"的字句。

 飞蝗七载

咸丰朝还是一个蝗祸泛滥的年代。在咸丰皇帝在位的 11 年（1851～1861）里，从 1852 年到 1858 年，广西（1852、1853、1854）、直隶（1854、1855、1856、1857、1858）、浙江（1856、1857）、安徽（1856、1857）、湖北（1856、1857、1858）、山西（1856、1857）、山东（1856、1857）、陕西（1856、1857、1858）、湖南（1857）等省先后或长或短，或重或轻地受到了蝗害的打击。飞蝗七载，占咸丰皇帝在位年份的大约 7/10，覆盖的省份占全国的 1/3。

1852～1854 年，广西境内连续三年发生较大规模的蝗荒。当时的广西巡抚劳崇光向朝廷报告：1852 年 11 月前后，广西的武宣、平南、桂平、容县、兴业、北流、贵县、岑溪等县先后发生蝗情。过了一段时间，蔓延至藤县、大黎、安城、马平、雒容、来宾、柳城等县。在短短的几个月间，以前极少见的蝗灾在广西频繁发生，给正在生长的秋冬作物带来严重的危害。此后两年间，广西的蝗害年甚一年。据统计，广西受蝗侵害的县：1852 年，75 个；1853 年，20 个；1854 年，22 州县及 14 土州县。这个数字上的变化，说明了蝗患蔓延的严重。

与广西遥遥相对的近畿地区——直隶，在 1854 年到 1858 年，也连续多次发生了蝗灾。其中以咸丰六年（1856 年）最为惨重，几次惊动了咸丰皇帝。

1854 年，直隶东部的唐山、滦州（今滦县）、固安、武清等地出现蝗情，武清还因此而造成了饥馑的年景。第二年，直隶蝗灾地区从上年的津东、津北转移到津南和津西，主要集中在静海和新乐一带。

1856 年入秋后，直隶的大部分地区都受到了飞蝗的袭击。直隶总督桂良以及其他一些地方官在几次关于蝗灾的奏报中述及的被灾地方有近 70 个州县。9 ~ 10 月间，当值秋收时节，当年直隶各地由于旱涝灾患不绝，收成看减，铺天盖地而来的飞蝗更是雪上加霜。飞蝗过后，禾稼尽成枯枝，而桂良等人的奏折在罗列了被灾的地区之后，竟然以“扑捕尽净”、“田禾无伤”、“飞蝗经过，并无停落”等加以蒙骗。这年秋天，顺天府属文安县十余村庄蝗蝻伤稼，署文安县知县樊作栋谎报说是“蝻子萌生，扑灭净尽”。不料咸丰帝忽然认起真来，大为愤慨地批道：“值此飞蝗为祸之际，正应君民上下一心，铲除蝗害，而该员却谎报灾情，玩视民瘼，实属可恶。”下令将樊作栋等人严加议处。咸丰断定这份呈文失实，还有一个缘由。此前，他已经接到不少地方官的有关奏报，他们虽不谈蝗虫致灾，但对飞蝗的情景，却作了五花八门的描述。如说飞蝗方阵能使白天骤然变为黄昏；又说蝗阵展翅一飞，可刮起一阵阵狂风云云，不一而足。这些“奇观”最终勾起了 25 岁的咸丰皇帝要一睹飞蝗阵式的好奇心。1856 年 9 月 16 日，咸丰皇帝乘坐马车，在御林军簇拥下，出了京城。马队在京郊田畴相连的荒野中驰行一阵，正当歇息间，忽觉一片"乌云"夹着阵阵微风自东南飞速飘来，秋稼沙沙有音，此时皇帝尚在车中，随行人员以为天要下雨，孰料"乌云"盖顶时，竟是一个飞蝗的方阵，赶忙去请咸丰，咸丰出车仰视，但见飞蝗排成方阵，蔽天遮日，从他的头顶上呼啸而过，向远处飞去。飞蝗过后，天晴风止，一切如初。咸丰帝大骇。回宫后的第二天，他即下了一道紧急的上谕，还特别提到了自己目击的情况，指示地方官要本着除害的宗旨，扑灭蝗蝻，并查明各地受灾情形，据实奏报。樊作栋的报告，是在此后不久递上去的。

河南是有名的黄泛区，1855年到1857年，河南在承受铜瓦厢黄河大改道所酿成巨祲的同时，又连续三年遭到了飞蝗的侵袭。1855年，南阳一带就有"旱蝗民饥"的记载。第二年，蝗灾在河南广泛地蔓延，有16州县相继遭蝗灾。南阳一带出现了饥民竞食树皮的严重灾情。这年，咸丰帝曾派员往河南蝗灾地区查看灾情，同时带去了组织人力扑灭蝗虫的旨令。但事与愿违，1857年蝗灾继续肆虐河南省，甚至出现了"数十里无炊烟"的惨景。

江苏省也同河南一样，在1855～1857年间，连续发生罕见的蝗灾。1855年的苏南，是蝗旱交作的一年，无锡城中崇安寺内一棵十围粗的大桑树，桑叶被蝗虫食尽，枝干也因此折仆，田里的庄稼就更不用说了。结果在这一地区形成了米珠薪桂、民不聊生的悲苦局面。1856年夏秋间，江苏的天空几乎一直为飞蝗笼罩

着。六合、镇江、金坛、无锡、金匮、常熟、嘉定、南京等长江南北的许多地区都出现了漫天遍野的蝗情。此前，长江南北沿岸已遭到了几十年未遇的大旱，成群结阵的飞蝗恰恰在这个当口来与饥民们争食。对于飞蝗的来往行踪，有人观察得很细致。如无锡、金匮一带有一股股飞蝗在 7 月 27 日自西北方向飞来，就如大片的云彩那样，把太阳顿时遮住。它们一停下来，食禾如疾风扫叶，顷时而尽。当蝗虫密密麻麻地停在败屋危墙上时，这些墙屋则摇摇欲坠。到 9 月初，蝗虫愈来愈多，振翅而飞，呼呼作响，其阵式如漫天猛雪一般，连日色都为之暗淡无光了。蝗虫落地，堆起来竟有一尺多厚。蝗虫把即将收割的庄稼连根咬断，即使千百亩的土地，也顷刻而尽。当年江苏出现了"人相食"的大荒年。1857 年，江苏省的蝗灾仍是各省中最严重的。这年春天，农民虽挖掘蝻子，但无法遍掘，天稍暖，蝗蝻就到处丛生。9 月 18 日那天，常熟一带的蝗虫遮天蔽日，比去年的来势更加猛烈。落地间，豆荚草根，一饮而尽。两江总督何桂清在一封信中提到麦将收而蝗虫蔽天时，用了"人心惶惶"四个字，这自然主要是指人们担心蝗虫将眼前渐熟的麦子吞食殆尽，但恐怕也包含了对上一年蝗灾酷烈，以致"人相食"的恐惧。

浙江省在 1856 年和 1857 年也遭受了蝗灾，那里的灾情比江苏要稍轻些。覆盖面主要有德清、海宁、慈溪、湖州、嵊县、定海、余姚、海盐、杭州、孝丰等地。1856 年 9 月，大批的飞蝗自北而来，百姓鸣锣蔽物，大力扑捕。第二年夏天，海盐南乡的松竹叶被蔽天的飞蝗食尽。德清也出现了类似的情状。蝗虫飞过的区域恰在临海地带，有记载说某一天晚上，大片的蝗虫"飞入海，遂绝"。此后的1858年、1859年和1860年，浙江的个别地方仍出现过蝗情。

安徽的北南方分别在1856年和1857年同样发生过蝗灾。1856年皖北大旱，田禾全部枯槁，已不及补种杂粮，同时，蝗蝻四起，将低洼圩田中的庄稼食尽，人民的生活情状日形竭蹶。第二年，皖南潜山一带又出现蝗情，一些地方积蝗厚五六寸至尺许不等。令人称奇的是，这里飞蝗阵行并非清一色的蝗虫，而是"有鸟数百导其前，蝗随其后"。

1856年到1858年，湖北则连续三年发生蝗灾。1856年湖北的武昌府、汉阳府、黄州府及北部的襄阳府所属地方，均有飞蝗活动，光化的蝗灾尤其严重。1857年，又有10余州县遭蝗灾。有的地方蝗虫落地厚尺许，有的地方飞蝗成阵，亘数十里。1858年，均州等州县发生了蝗害稼的灾情。

山西在1856年和1857年，有交城、文水、平陆、芮城、平定等地先后被蝗害。

在山东省，1856年，泰安、兖州、沂州、济宁及济南、东昌等地蝗情甚重。曹县在蝗虫过后，野无青草，马多瘦毙。东平县则饥馑荐臻，盗贼蜂起。1857年，牟平县一带飞蝗蔽野。山东是1855年铜瓦厢黄河改道的重灾区，此后几年都未缓过劲来，在这样的光景中又接连两年蝗害。

陕西和许多省份一样，在 1855 年到 1858 年，连续出现蝗情。1856 年夏天，渭南最先出现自东部飞来的蝗群，也是飞行蔽日，阵式浩大。1857 年，陕西巡抚曾望颜两次奏报飞蝗入境。有的地区蝗虫把秋禾食尽。1858 年，肆虐多年，飞过 10 余省的蝗群渐趋减少，而陕西却正当蝗患的巅峰时期。当年不少县飞蝗遍野，不胜扑捕。

湖南虽仅在 1857 年遇到蝗灾，但覆盖面甚广，灾情也较重。长沙、醴陵、湘潭、湘乡、攸县、安化、龙阳、武陵、平江、安福、新化、清泉、衡阳、常宁等地出现蝗情。攸县在 8 月 21 日受到数以万计的飞蝗的袭击，晚稻俱残。

实证和统计都告诉我们，像这样波及十余省，持续六七年、为害酷烈的蝗灾在整个清朝的历史中，是仅有的一回，在中国历史上，也是极其罕见的。一个规律性的现象是，凡是闹蝗灾的地方，往往也伴有严重的旱灾，以至旱蝗并提成为当时许多地区灾荒的一大特征。大旱之年，本来就收成锐减，大片大片的飞蝗又在这时席卷而来，肆虐田禾间。七年间，十余省数不清的灾黎们，在旱蝗交乘的灾祸中，除了流离失所和仰天长叹，还能怎么办！

8 绵延一朝的悲剧

在咸丰朝，除了铜瓦厢黄河改道和连年的蝗灾，别的自然灾害究竟有多么的频发和惨重，我们不妨逐年说一说。

1851 年。这是咸丰帝即位的头一年。白露以后，黄河水势逐日上涨。9 月 15 日夜，风雨交加，河水在江苏丰县北岸三堡无工处漫决。顿时，岸堤上开了一个四五十丈的口子，后又坍塌到 185 丈，水深达三四丈。这次河决虽未造成黄河的改道，但也因决口造成正河断流之势。江苏、山东一带的人民群众蒙受了一次巨大的灾难。

苏北是这次河决的重灾区。此前，运河也在甘泉（今属扬州）县境内遭溃溢。这样，差不多整个苏北灾上加灾，一片汪洋。丰、沛等县已成泽国。当年江苏全省共有 55 个州县和 5 个区在不同程度上罹灾，尤其以丰、沛两县受灾最重。

山东也是这次河决受灾甚重的地区。丰县位于运河流经的微山湖东部。河决之后，黄水灌入微山湖，又泻入运河，以致靠近河湖的济宁等州县的运道、民田被淹。自济宁以南至峄县一带，河湖一片，汪洋三百余里。

更令人痛心的是，1851 年秋天的丰北决口，直到 1853 年的春天（咸丰三年二月）才算合龙。历时一年半左右。其间，或久不合龙，或堵后复蛰，耗费了约四五百万两银子，而用于赈灾的费用已告罄。河工和赈务的苍白无力必然引起更强烈的灾难性的社会反馈。1852 年 4 月，即位不久的咸丰皇帝被迫首次颁布"罪己诏"，说："南河丰工漫决，至今尚未堵合，灾民荡析离居，更为可悯，均朕薄德，惟有自省愆尤，倍深刻责而已。"事实上，一纸"罪己诏"既抵偿不了耗资数百万、劳而无功的罪过，也挽回不了正在灾区伏地待毙的无数灾民的性命，更拯救不了日趋没落的"大清河山"。它只能表明河患的症结已经不在河决本身了。请看这样一段揭露："南河岁费五六百万金，然实用之工程者，什不及一，余悉以供官之挥霍。河帅宴客，一席所需，恒毙三四驼，五十余豚，鹅掌猴脑无数。食一豆腐，亦需费数百金，他可知已。骄奢淫佚，一至于此，而于工程方略，无讲求之者，故河患时警。"我们看到过不少包括诗作在内的抨击河政的言论，而以这一段最为形象和典型，当权者大发国难财，只能导致更残酷的社会灾难，而它的承受者，则又非普通民众莫属。1853 年 3 月，一位叫曹蓝田的江苏人赴京看望去赶考的弟弟，他在清江浦一带看到饥民夹道，愁苦之状，惨不忍睹。渡过黄河后，邳州、桃源、宿迁等处，更是饿殍满途，尸弃街巷。到北京后，曹蓝田逢人便讲亲眼所见的灾民情状，希望能引起当局的注意和重视，然而毫无用处。也是 1853 年 3 月，安徽巡抚李嘉端向朝廷奏报了他所目睹的鲁苏交界处的惨景："饥民十百为群，率皆老幼妇女，绕路啼号，不可胜数。或鹑衣百结，面无人色；或裸体无衣，伏地垂毙。其路旁倒毙死尸，类多断臂残骸，目不忍睹……其倒毙之尸，半被饥民割肉而食。"

当年，台湾、安徽、江西、湖北、甘肃、河南、浙江等省遭受了风雹之灾。湖南、山西、陕西、直隶、吉林等省遭受了水灾。新疆伊犁地区先大雪后大雨，冲毁田地。云南省一些地区旱情严重。

1852 年。浙江大旱，西湖水涸。福建、湖南、陕西、湖北、河南、奉天等省出现水灾，其中兴安府大水，府治安康水冲入城，多人被溺丧生。此外，甘肃、安徽、直隶、四川等省的一些地区有水、旱、风、雹诸灾。甘肃中卫、江苏南部、湖南醴陵、湖北黄陂、京师地方先后发生地震。

1853 年。京城和直隶地区出现较大的水灾，永定河、北运河、子牙河、卫河先后漫溢，80 多个州县被淹，一些地区发生"人相食"的惨象。浙江、河南、江西、湖北、湖南、贵州、福建、广东、安徽、陕西、甘肃等省的部分或大部分州县，也先后被水成灾。当年，发生旱灾的有江苏、湖南、江西及甘肃的部分地区，其中苏南赤地千里，疾疫流行。4 月，江苏、浙江、山东同时发生地震。

1854 年。温州地区疾疫流行，这是前一年浙江水灾造成的另一种灾难性的后果。当年，瘟疫在温州到处传染，每天死丧累累。不少人病死后无人收尸，任狗噬食，常常早晨死去，到晚上尸体仅剩一半了。当年，浙江、江苏、直隶、河南、山东、湖南、山西大水。其中江西广昌县大水吞城，淹死的人以万计，民居仅存十之一二。江苏、湖南、四川分别发生地震。

1855 年。湖北应城、孝感、黄陂等处淫雨两月，河湖并涨，田野间一片汪洋，非船不渡。苏南在遭受蝗害的同时，出现地震、旱灾和瘟疫，到秋天，已是死亡相继了。浙江、湖南、江西、安徽、甘肃等省的一些地区，也出现了较重的水灾。此外，四川静水、辽宁金州、湖北恩施，分别发生地震。

1856 年。这一年，中国许多省区发生蝗情。同年，也发生了包括江苏、浙江、安徽、湖北、湖南、河南、山东、陕西八省在内的大旱灾。江苏省上一年就一冬无雪，本年自春至夏，雨水稀少，特别是 6 月以后，一直亢旱无雨，入秋后，也是旱情依旧，致使河湖干涸，田地龟裂，禾稼枯萎。这次大旱，被称为"数十年所未有"的巨祲。有的地区"斗粟值金一两"；有的地区素为泽国，此时全部干涸，人在河道中穿行；乡民即使掘入浑浊的井水，也妇子争汲，视如琼浆玉液；也有的地区到了"人相食"的地步。当时，清军与太平军和捻军正在进行激烈的作战，兵上加灾，灾上加兵，尸骨盈野，骇人听闻。

浙江的情形似也不逊于江苏。这场被巡抚何桂清称为"七十年来未有"的大旱灾，包括了杭、嘉、湖、宁、绍、台、金、衢、严、处 10 府的 68 个州、县、卫。灾情也是河水干涸、土地燥裂。令人瞠目的是，杭州的西湖滴水无存，干坼见底。苏杭之间已舟船不通，这是数十年来所未遇的事情。全省收成锐减，较好的地方也仅三四分，严重的地方颗粒无收，饥民们为了生存，不免借灾起事，阶级矛盾日显突出。

安徽省也出现了非常严重的旱情。皖北地区当年长时间无雨，甚至影响了春季的插秧。入夏则骄阳酷暑，井涸地干，田禾几乎全部枯毁。即使被灾较轻的地区，收成也只在五分上下，重灾区则赤地千里，颗粒不收。灾民们只好靠吞食糠秕或草根树皮果腹，个个鹄面鸠形，奄奄待毙。年轻体壮的纷纷流乞他乡，年老体衰的，大多倒毙路旁。由于死亡人数的骤增，在一些地区还造成了两月内死亡3000多人的大瘟疫。可以说，全省八府五州，大部分地区都受到旱灾的侵袭。"村村饿殍相枕藉，十家九空无炊烟"，是毫不夸张的诗句。

湖南省洞庭湖周围地区，往年水患频发，被称为"水潦之乡"，这一年却转涝为旱，粮价昂贵。湖北省的武昌、汉阳、黄州、郧阳、荆州、荆门各地，从5月至10月未下过透雨，田禾纷纷枯萎。河南省的大部分地区旱蝗交袭，饥民背井离乡，留在灾区的饥民只好靠食树皮度日。山东省前一年因铜瓦厢黄河改道，不少地区被淹，这一年入夏后，却也长期干旱，全省的灾区达85个州县。陕西省的安康等地也发生了因旱情引起的大饥荒。

1857年。浙江省继在上一年发生数十年不遇的大旱之后，这一年又发生了数十年不遇的大水。9月上中旬，因连朝大雨，江水猛涨，浙江海塘被冲毁，全塘泛溢，一片汪洋。全省约有60多个州县受灾。所谓荡没田庐，淹毙人口，在当年的浙江省已不属偶遇的现象。当年，遭受水、旱、风、雹、雪和地震等灾害侵袭的省区还有安徽、直隶、陕西、贵州、河南、湖南、湖北、江西、山东、甘肃、云南、广西、江苏、福建等。

1858年。福建和云南的部分地区流行起疾疫。正在福建率部与太平军作战的湘军统帅曾国藩称自己的部队也因疫病流行动辄病、死成百上千人。云南的江川县也疫病盛行，每天从城墙上扔下的病饥饿死者，已不计其数。此外，直隶、江苏、浙江、江西、福建、湖南、湖北、河南、安徽、山东、陕西、吉林、新疆部分州县分别遭到程度不同的水、旱、风、雹灾害。陕西同官发生了地震。

1859 年。永定河连续三年出现决口，直隶一些地方暴雨成灾。当年，全省有大约 50 多个州县受灾。这一年，全国的灾情呈旱涝交错的态势。直隶省是北涝南旱，江苏省先旱后涝，浙江省先涝后旱，湖北、山东、甘肃、河南等省都是亦涝亦旱，此涝彼旱。贵州遵义发生了压毙牲畜、折拔竹木、损坏禾苗和民居的大风雹，引起秋粮无获，发生了较为惨重的饥荒。陕西安康瘟疫流行。

1860 年。这一年，江苏南部、浙江嘉兴、湖州二府和山东省的一些地区瘟疫流行。浙江有的地方的死亡率达 2/10，患病率就更不用说了。患者多在两天之内就死去，可谓死亡相藉，以致棺木供不应求，价格直线上涨。苏南的一些地区也是十死其二三。在山东，瘟疫使不知多少人在进餐中、谈笑间突然气绝。峄县县城的城墙周长不过三里左右，每天死去 100 多人。除了瘟疫，浙江、江苏、湖北、湖南、安徽、江西、河南、山西、直隶、甘肃不同程度地遭受了水、旱、风、虫、雹、震等灾。

1861 年。安徽、云南也发生了瘟疫，最严重的大概是安徽省的安庆府，据称病亡率竟在十之八九上下，后果可想而知。当年，江西、湖北、湖南、吉林、山西、江苏、广东、云南、河南、山东、甘肃、直隶、江苏、浙江、陕西、山东、奉天分别遭受了水、旱、雹、雪、霜、虫、震等灾害的袭扰。

这一节，我们概要地回顾了咸丰朝各年的灾情，加上前两节提到的铜瓦厢黄河改道和连续七载、波及十余省的蝗灾，再加上太平天国起义、捻军起义、第二次鸦片战争，很显然，对于绝大多数的普通百姓而言，咸丰朝是一个多灾多难的时代。

三 丁戊奇荒前后

19世纪的70年代，轰轰烈烈的太平天国起义和捻军起义都已经失败，农民运动进入了低谷。对外也未进入战争状态。这是近代中国社会里少有的政治氛围相对平静，乃至被称做"同光中兴"的一个时期。可是，就在这个十年里，出现了中国近代史上甚至是一部中国历史中极其罕见的华北大旱灾——丁戊奇荒。

这场大旱荒以1877年（丁丑年）和1878年（戊寅年）为主，从1876年到1879年，整整持续了四年之久；它的覆盖面包括山西、河南、陕西、直隶（今河北）、山东等北方五省，并波及苏北、皖北、陇东和川北等地区；它造成的后果更为奇重，仅遍地饿殍就达1000万人以上。它被称为有清一代"二百三十余年来未见之惨凄、未闻之悲痛"，甚至有人认为它是中国古今以来的第一大荒年。

骇人听闻的1877～1878年

1874年，19岁的同治皇帝撒手人寰，醇亲王奕𫍽的一个不到 4 岁的儿子继承了皇位。这位后来屡遭不幸的光绪皇帝即位不久，就遇到了前所未有的特大旱灾。

1875 年（光绪元年），中国北方各省大部分地区先后呈现出干旱的景象，而京师和直隶地区的旱情来得最早。本来，这一地区从 1867 年开始，都一直笼罩在以阴雨为主的天气中，那条横贯全境、变化无常、素有"小黄河"之称的永定河更是年年漫决，截至 1875 年，竟创造了连续九年决口 11 次的历史纪录。此时，漫长的洪涝灾害总算暂时缓解了，不料却又转向了一个异常干旱的年头。除了直隶，山东、河南、山西、陕西、甘肃等省，也相继出现严重的旱情。一场连续数年之久的骇人听闻的特大旱灾自此揭开了序幕。

1876 年，旱区在进一步蔓延，旱情也日益加重，并以直隶、山东、河南为主，北至辽宁、西至陕甘、南达苏皖、东濒大海，形成了一片面积广袤的大旱区域。在灾区，逃亡、饿死、卖儿鬻女等民不聊生的悲惨情景，已经比比皆是。

在经过差不多两年的亢旱之后，华北大部分地区的荒情在丁丑年即 1877 年达到了无以复加的程度，尤其是山西和河南，它们成为这场华北大旱荒的中心区域。请看以下一则骇人心魄的实况白描：

　　天祸晋豫，一年不雨，二年不雨，三年不雨，水泉涸，岁洊饥；无禾无麦，无粱菽黍稷，无蔬无果，官仓匮，民储罄，市贩绝，客粜阻；斗米

41

千钱，斗米三千钱，斗米五千钱；贫者饥，贱者饥，富者饥，贵者饥，老者饥，壮者饥，妇女饥，儿童饥，六畜饥；卖田，卖屋，卖牛马，卖车辆，卖农具，卖衣服器具，卖妻，卖女，卖儿；食草根，食树皮，食牛皮，食石粉，食泥，食纸，食丝絮，食死人肉，食死人骨，路人相食，家人相食，食人者为人食，亲友不敢相过；食人者死，忍饥致死，疫病死，自尽死，生子女不举，饿殍载途，白骨盈野。

以上是一个比较笼统的概括。那么，更具体的情形是怎样的呢？

在山西，1877 年春天滴雨未下，自春至夏，虽间有微雨，但从未深透，麦收无望，此后直至夏秋，天干地燥，烈日如焚。全省只有大同、宁武、平定、忻、代、保德等几处略有收获。由于长时间大面积的减产与绝收，民间蓄藏一空，严重的粮荒冲击着灾区的每一个角落，将愈来愈多的灾民推向饥饿与死亡的绝境。如果说在春荒时期，一些贫民还可以靠挖食草根树皮勉强度日，那么入夏以后，树皮和草根已被挖尽，成群的灾民倒毙路旁，各地灾民只好将小石子磨成粉，和面为食；或挖观音白泥充饥，结果自然是腹破肠摧，命归黄泉。还有的将柿树皮、柳树皮、果树皮、麦糠、麦秆、谷草等和着死人骨头、骡马骨头碾细而食。至于家犬鸡猫牛羊等牲畜早已宰杀殆尽。

待一切可食之物罄尽无余，灾民们赖以维系生机的只有"人食人"了。这骇人听闻的字眼，在1877年入冬以后的山西已是司空见惯的现实。这表明人们的正常心态已经因饥饿到极端而演化为非正常状态。狂躁的饥民们不仅食死人尸，而且杀人为食；不仅杀人为食，而且易子为食；不仅易子为食，而且骨肉相残，父子相食，母女相食；不仅残及骨肉，而且自嚼食其腕肉。可谓无所不尽其极。宣扬和奉行了几千年的"人伦"、"孝道"等信条一时荡然无存。王锡纶《怡青堂文集》中有这样一段描写："死者窃而食之，或肢割以取肉，或大脔如宰猪羊者；有御人于不见之地而杀之，或食或卖者；有妇人枕死人之身，嚼其肉者；或悬饿死之人于富室之门，或竟割其首掷之内以索诈者；层见叠出，骇人听闻。"因此，当奉旨前往山西稽查灾情的前工部侍郎阎敬铭周历灾区时，堂堂晋阳，犹如鬼国。在他往来二三千里的路程中，所见到的，是一个北风怒号，林谷冰冻，枯骸塞途，男啼女哭，残喘呼救，望地而僵的悲惨世界。

河南省的灾情与山西不相上下。1877年自春到夏，也是雨少晴多，小麦只有一半收成。入夏后更是连日灾风烈日，干燥异常。立秋时节，虽局部地区有些零星细雨，但大部分地区仍持续亢旱，土地干裂，草木黄萎。特别是开封、河南、彰德、卫辉、怀庆五府，被灾尤为严重，许多地方河渠因之断流。连昔日汹涌澎湃的黄河在伏秋大汛时竟然也波涛不兴，偌大的河槽仅有一线中泓缓缓流动。辽阔的中州平原已化作千里赤地了。当年，全省报灾者为87个州县，饥民达五

43

六百万。孟津、原武、阳武、修武等县灾情尤重，不但树皮草根已剥掘殆尽，甚至新死之人，也被饥民争相残食。灵宝一带，也是饿殍遍地，以致车不能行。入冬后，省城开封周围聚集了七八万灾民，每天冻馁僵仆而死者就有数十人。死者自然也无棺木收葬，而是被堆在一个随处开掘的大坑中。活着的人，天天深夜发出令人酸心的呼号乞食声。

这一年，饥荒的魔影还向西越过黄河天险和豫西山脉，笼罩着陕西全省及甘肃，毗连陕甘的川北也发生了百年不遇的奇旱，成为这一大荒区域的组成部分。从山西、河南往东直至大海之滨，包括京师在内的直隶全省和鲁西北地区以及江苏、安徽的部分地区，也发生了较严重的旱灾。

进入 1878 年，北方大部分地区一开始仍有相当严重的旱灾，尤其是山西省，自春至夏，依然是雨泽稀少，连河水都深不过尺，此后在经过 6 月间短暂的雨水期后，又遭连续亢旱，直到次年 7 月末始得透雨。不过就整个灾区而言，旱灾的严重程度已大大减轻了，陕西、山东、河南、直隶等省及其他地区的旱情从春到夏次第解除，持续数年的特大旱灾终于度过了它的巅峰阶段而趋于缓解。但是，旷日持久的大旱毕竟已使人民群众对于自然灾害的承受能力差不多到了极限。因此，我们在前面所描述的灾民们种种因饥就毙以及"人相食"的惨象，不仅没有随着旱情的缓解而相应地减少、绝迹，反而更加严重，更加普遍了。在山西，越来越多的村庄和家庭被毁灭了；困极无奈的灾民因无力养育子女，往往含泪把他们投到河渠沟壑之中，甚至有的母子一起投井，母亲已死，婴儿尚活在死母的怀中。至于"父子而相食""骨肉以析骸"，也层见叠出。在河南，也是满门饿毙，尸横遍野。侥幸活下来的饥民大多奄奄垂毙，骨瘦如柴，既无可食之肉，又无割人之力，有的甚至随风倒地，气息尚未断绝，即被饿犬残食。在直隶的河间府，儿童们只剩下枯干的皮包骨头，肚子膨胀，面色青黝，两眼发直，一些壮年饥民竟在领受赈济的动作中倒死在地上。就是那些逃奔京师的灾民，往往也逃不出死神的魔掌。或许是因为这里特殊的政治地位，动以数十万的灾民相率而来，以致挤满了京城各大粥厂，惨死在帝王权贵们的眼皮底下。

不仅如此，就在春夏之间阳和雨露、旱情缓解之际，大面积的瘟疫又接踵而来。这场瘟疫来势极猛，席卷了灾区各地的城镇和乡村，许多奄奄一息的孑遗之民被无情地夺去了生命。河南省几乎十人九病，安阳县死于瘟疫的饥民即占半数以上，连钦差大员袁保恒也染疫不治，死于任上。陕西省灾后继以疫病，道殣相望。延榆绥道道员以及榆林县的三任县令都相继染病死去，以至无人再敢赴任，弄得榆林府知府不得不一身兼摄道府县三官。官宦如此，一般平民就可想而知了。山西省更是瘟疫大作，全省人民因疫而死的达十之二三。由于死亡人数太多，有些地方干脆草草了事，挖掘大坑，把尸体集体埋葬。平阳府小东门外，挖掘的万人大坑有三五十处，坑坑皆满。待到秋来风凉，一望荒原，尽是黄沙白草，累累枯骨，不闻鸡犬，不见炊烟，往往数十里杳无人迹。山西巡抚曾国荃当时在给友人的一封信中感慨道："茫茫浩劫，亘古未闻，历观廿一史所载，灾荒无此惨酷。"

时序转到 1879 年 7 月，这一场持续数年的大褉奇灾，总算快要噩梦般地过去了。在东起直鲁、西迄陕甘的广阔土地上，尽管山西省仍酷旱如故，尽管到处都还是一派大灾之后的荒凉破败景象，但龟裂的土地毕竟已开始湿润，久已干涸的河沟里重又流淌起涓涓碧水，田野上也点缀了些许绿色。然而，这场灾难对当时的中国社会所产生的十分广泛而深刻的影响，却持续了更长的时间。

据不完全统计，从 1876 年到 1878 年，仅山东、山西、直隶、河南、陕西等北方 5 省卷入灾荒的州县总数为 955 个。而整个灾区受到旱灾及饥荒严重影响的居民人数，估计在 1.6 亿~2 亿，约占当时全国人口的一半；直接死于饥荒和疫病的人数，至少也在 1000万以上；从重灾区逃亡外地的灾民不少于 2000 万。其中，山西省在灾荒蹂躏之下人口损失最为严重，在1600 余万居民中，死亡 500 万，另有几百万人口逃荒或被贩卖到外地。河南省在灾荒刚开始蔓延的 1876 年人口总数为 2394.3 万，到 1878 年旱灾达到高峰时急剧下降到 2211.4 万。至于重灾区，死亡率几乎都在半数以上。从 19 世纪 40 年代开始到清朝政权灭亡，近代中国的人口基本上处于停滞不前的状态，50 年代初期，清中叶以来人口持续猛增的势头即告中断，并开始进入一个相当长的突降阶段，此后，直至 1887 年也没能恢复旧观，全国人口由 1851 年的 43629 万人下降为37614 万人。在这里，最具决定性的原因自然是人所熟知的清政权长达 20 余年的对农民战争的残酷镇压，但人们往往忽视了紧随其后发生的这场大祲奇灾，也是这一时期中国人口大减员的重要因素之一。可以肯定地说，"丁戊奇荒"构成了这一时期全国人口突降的另一个重要原因。

当然，北方地区在灾荒期间人口损失如此惨重，并不只是表现为灾荒对千百万人民生命的戕害，还意味着其对当时社会经济造成的巨大破坏。人口的大规模亡失的本身，就是对社会生产力的极大摧残，必然直接导致受灾地区土地的大量荒芜。在山西省，许多荒田杂草丛生，不少地方甚至严重沙化、盐碱化，变成不毛之地。全省 5647 万亩耕地中，因灾成为新荒地的达 2200 万亩。陕西省 1880 年荒弃的田地约占全省民田的 3/10。河南省无人耕种的土地也是随处可见。

在人口骤减、田园荒废的同时，广大灾区的社会物质财富也遭到了极其严重的破坏。在旷日持久的大旱威胁之下，广大的饥民为了充饥活命，总是不惜一切代价地变卖家产，诸凡衣、住、行等方面一切被认为是有用的物品无不拿到市场上进行廉价大拍卖，许多地方的灾民不惜将房屋拆卸一空，当做废柴出售。就是平常被看做半份家当的牛马等牲畜也被宰卖殆尽，或充做了果腹之餐。1874 年，中国牛皮出口量还只有1207 担，而 1876 年到 1879 年的 4 年间，牛皮输出总量竟高达135507担，平均每年3万多担，这些牛皮绝大部分是从华北灾区输往国外的。

这样，一方面是劳动力奇缺，一方面是土地的大量抛荒，而联系二者之间的中介——生产工具又极度匮乏，种种因素，错综交织，使北方农业元气尽伤，在灾后相当长的时期内也没能恢复到原有的水平。13年后接任山西巡抚并监修《山西通志》的张煦在追述此次大灾的影响时称：

> 耗户口累百万而无从稽，
> 旷田畴及十年而未尽辟。

与农业生产凋零的状况相应，北方地区传统工商业也遭到了致命的打击而一蹶不振。以山西为例，该省境内最主要的手工业——冶铁业趋于停顿，著名的丝绢织造业也濒于断绝。该省原来尚称发达的商业更是一片萧条，厘金收入因此大幅度减少，收入最低的年限，与1876年相比，减少了54.90%以上。大祲奇荒，使原本举步维艰、严重衰败的华北经济更是急遽衰退，各地人民的生活也更加困苦不堪。

义赈——空前的社会救灾模式

我们在充分估计丁戊奇荒对近代中国的冲击和影响的同时，也应当看到事情的另一面——正是这场世所罕遇的奇灾大祲，促成了一种新的社会救灾形式——义赈活动。

义赈出现以前的清朝，赈灾活动主要依赖于政府的荒政。清朝前期的几位有作为的皇帝借鉴前朝的经验和教训，的确制定了一套十分具体的、程序化的和成体系的荒政制度。这个制度主要包括报灾、勘灾、灾蠲（缓）、赈济几项内容。每一项内容都定得相当详细、严密和完备，它在清前期的社会救灾活动中也的确起到过不小的作用。然而，任何社会制度下的任何法律和条规的实施，都不可能孤立地完成而不受社会环境的影响，荒政也不例外。近代中国半殖民地半封建的社会性质和衰象迭现的社会机制，都不能不从许多方面作用于晚清的荒政中。可以肯定地说，晚清救荒制度的任何一个环节上，都渗透了来自社会深处的弊病的作用。具体而言，大体包括了外敌入侵，官场腐败，生态失衡和经济凋敝。它们对清代荒政的具体影响是不言而喻的。因而，到了晚清时期，官赈的实际作用已经较盛世的清朝大大地削弱了。其他社会力量对救荒的参与，如社仓、义仓、善堂等救济模式，无论从形式、规模和功效上看，毕竟还带有明显的零散、局部和单一的一面，构不成较为完备的社会赈灾体系，至多是作为一种对荒政的补充和配套。

义赈活动的起源，要推溯到光绪二年（1876 年）。当年，正处于丁戊奇荒的前奏时期，苏北、山东、直隶大旱，无锡富商李金镛与江浙富商胡雪岩、徐润、唐景星等倡导发起了义赈活动。他们携十余万金奔赴灾区，在山东青州设立江广助赈局，在《申报》发表

《劝捐山东赈荒启》，共发放赈款达五六十万金。因而可以说，发起义赈活动的领衔人物是李金镛。

第二年（1877），空前惨烈的丁戊奇荒便覆盖了晋豫大地，这就使刚刚兴起的义赈的形式因此得到迅速推广并逐渐形成一套颇具规模的组织体系和实施结构。

细而推之，有创建意义的内容在以下几个方面。

第一，作为义赈的组织和领导核心的近代第一家协赈公所在上海创建。此前，除了江广助赈局，经元善等人也在上海设立了公济同人会，在这些基础上，丁戊奇荒义赈活动的核心人物、仁元钱庄老板经元善与友人一道联合创办了领导潮流的上海协赈公所。创办上海协赈公所后，经元善毅然将自己的钱庄停业，不遗余力地投身义赈活动。此举很快得到了许多地区的响应和效仿。不久，澳门协赈公所、台南协赈公所、台北协赈公所、绍兴协赈公所、安徽协赈公所、汉口协赈公所、烟台协赈公所、湖北协赈公所、宁波协赈公所、牛庄协赈公所等继之而起，与上海协赈公所遥相呼应，成为网络化的社会赈灾活动的指挥中枢。

第二，各个阶层的社会力量集合到了义赈的旗帜之下。无论李金镛还是经元善，其能量再大，阅历再广，见识再深，资金再雄厚，靠一两个人或几个人是做不成这样大规模的开风气的义赈活动的。他们只是义赈形式的倡导者、组织者和领袖人物。实际上义赈一经他们倡导，就获得了一呼百应的热烈效果。对此经元善是有充分信心的，他说："若说动一二位巨富强有力者，一旦慨然出其所蓄三分之一，十分之二，以为之倡，必有慕义响应。以地势人事物力而论，集成十万、数十万、百万者不难。果能如愿，不啻八千子弟渡江，可以纵横无敌矣。"义赈的倡导者也为此做了积极的努力，他们在有影响的《申报》接连登出如《豫省来书劝赈启》、《襄赈河南劝捐续启》、《劝赈豫饥》、《设筒劝助晋豫捐启》、《急劝四省赈捐启》、《急筹晋赈启》等动员性的告启，利用这一近代化传媒，收到了"四方仁人君子从善如流"、"客处善士源源筹济"、"捐户尤繁"的实效。除上海外，澳门、广州、福州、绍兴、安徽、湖州、香港、汉口、烟台、湖北、宁波、牛庄、汕头等处都设立了募捐点。1881 年 6 月，经元善等人开出了一个包括全国十余地区 180 余人的参与劝赈绅士名单。至于解囊捐资者，就远不限于绅商这个阶层了。从社会上层（达官名流）到社会的最底层（村夫乞丐），都有人捐钱捐物，来响应和参加这场空前灾情下的空前义举，甚至有不乏典当家产，变卖古玩而积极介入义赈活动者。这个参与义赈的人员阶层结构的构成，无疑体现了前所未有的全新景象。当然，从实效上看，所捐款数中的大部分来自富有的绅商阶层，义赈的倡导者们也把目标主要对准他们。其他并不宽裕的平民阶层的捐款相对而言也许是十分微少的，但重要的是他们加入了这个行列。我们在注意到绅商力量的作用的同时，也应充分注意到社会赈灾构成因素的多元化倾向，这不仅是划时代的义赈的标志之一，它的意义也并不拘于一时的实效，而是体现了历史的进步。

第三，对地域性救灾模式的突破。义赈出现以前的救灾活动，无论是清政府的荒政还是其他形式的社会救济，都跳不出地域性的圈子，过分依赖仓储救灾就是极典型的证明。事实上，地域性就意味着局限性，在近代社会动辄几十个州县出现大灾巨祲的情势下，地域色彩笼罩下的救灾活动往往很难有可观的收效，对于荒山僻壤而又灾荒频仍的地区，尤其如此。而义赈活动自一开始，就是以跨地域的面貌出现。我们可以从两个方面来看。

首先是施赈对象的外向化。义赈活动的中心在上海，义赈的发起人和组织者的主体是江（苏南）、沪、浙一带的富有绅商。但义赈的目标却不在这里。李金镛倡导义赈时，赈济对象是苏北、山东等地的灾民。经元善说他"开千古未有之风气"，这大概也是其理由之一。后来，随着丁戊奇荒的日益惨重，义赈的覆盖面迅速扩大，从距上海较近的华东地区转向河南、山西、直隶直至陕西等地。当然，这不等于说义赈的外向化发展是盲目性的，在施赈步骤和策略上，它也体现了足够的量力而行、量灾而行的计划性。上海协赈公所曾明确决定：先助豫赈，分济晋陕、直隶。问题的关键不在于远一点还是近一点，而是义赈体现了新的内容，它所收到的实效自然不容忽视，但更应引起注意和重视的，还在于它对社会救灾机制的突破，因为这肯定也是近代中国总体的社会机制突破中的一个构成部分。

其次是义赈活动的网络化。在义赈人物不懈的努力下，由上海协赈公所带头，迅速形成了一个跨地区、跨国界的赈灾机构的网络。如国内一些大中城市，甚至一些县城、乡镇；国外的旧金山、长崎、横滨等华侨聚居的地方，都出现了办赈点。整个办赈活动由上海协赈公所总调度。并不夸张地说，丁戊奇荒期间，有将近半个中国沦为灾区，也有将近半个中国成为赈灾区。像这样跨省区甚至跨国界的有核心的组织机构，有完整的沟通环节的救灾场面，不仅在清朝，自古以来，也没有先例。

第四，形成了一套新的具体的赈灾办法。说到底，义赈的核心内容也是与其他救济模式的不同之处，在于民间有组织、跨地域的募捐和放赈。既然是跨地域的，就涉及一个长途转运和长途放赈的问题，也涉及各地办赈点与作为决策中枢的上海协赈公所的关系问题。整个义赈过程，分为募款、司账、转运、查赈几个环节。每一个环节都具有相对的独立性，专人负责，各司其职，责权分明。

现在，来看看这次开风气的义赈活动的实际效果。在差不多三年左右的时间里，义赈活动共募集赈银约100余万两，历赈苏北、山东、河南、山西、直隶共60余州县，有拯救了"百十万之命"之说。

我们还应注意到体现在社会救灾活动之外的显示了时代进步的一种社会现象。鸦片战争以后，中国的社会性质发生了根本的改变，内忧外患，是一个值得考察的方面；另一方面正是在陷入了内忧外患的半殖民地半封建社会后，中国也开始了它的艰难的近代化历程。从经济结构看，由于外国资本的介入，中国沿海一些地区迅速地由自给自足的小农经济模式走向商品经济化的经济模式，到丁戊奇荒发生前，著名的洋务运动已经起步，这是对传统的经济结构的一个实际上的有力的否定。洋务运动造就了一批具有资本主义性质的民族工商企业，也造就了一批具有相当经济实力的民族资本家，他们形成了一个渐渐资本主义化的绅商群体。洋务运动和义赈活动几乎是同步的。也就是说，在洋务运动日益发展的当口，出现了大规模的义赈活动。它们之间更为紧密的关系是，义赈活动的积极参与者甚至是核心人物，本身也是洋务集团中的一员。如有名的义赈活动家郑观应、盛宣怀、谢家福、胡雪岩、经元善同时也是有名的洋务派活动家。义赈不是从天上掉下来的，我们可以从义赈活动的成功追踪到中国近代经济结构的变化和民族资本主义的发展，从而能够体现的是，这不仅是近代中国经济领域的进步，也是一个历史的进步。从社会结构来看，一个先富起来的绅商群体已经具有了参与社会活动的意识。无疑，任何一个资本家在创业时期，都不会把注意力过多地放在与自己的实际利益无关的社会活动上。就中国近代早期的资本家而言，当他们从一个创业者发展成具有一定经济实力的绅商巨擘后，在社会观念和得风气方面，的确领先于其他的社会阶层。从创业到参与社会活动到参与政治活动，这是一个规律。义赈活动可以说是这个发展规律中的一个环节。后来的一些事实也表明，义赈活动中的一些头面人物，或者成了政界的要员，或者积极参与政治军事活动。因而，从某种意义上说，义赈活动的意义不仅仅在于拯救了难以计数的灾民这个社会公益事业方面，更在于绅商力量对社会公益活动的介入，体现了社会结构的某些变化。这是在近代中国的近代化历程中出现的许多深层的社会变化中的一项。如果我们把戊戌变法这样的历史事件作为一种社会突变的话，那么也可以说，义赈活动所显现的绅商集团对社会活动的参与，是一种社会的渐变。它们一同体现了社会前进的大趋势。

 ## 甘肃大地震

到了 1879 年夏天，持续了数年的丁戊奇荒，总算快要噩梦般地过去了。然而，也正是在这个当口，甘肃发生了一次八级的强烈地震。

这次地震发生在 7 月 1 日，震中在甘肃南部与四川接壤的阶州（今武都）和文县一带。地震发生时，阶州和文县两地一时间山飞石走，地裂水涌，城垣倾圮，房倒屋塌，城乡人民惨遭压毙的比比皆是，总共约有 3 万余人；加上地震时，因山岩崩坠，河水壅决，各地大水暴发，又有不少人被淹死，仅文县就淹没了 1 万多人。如果把压死和淹死的人数加在一起，那么，在震中地区，有数字可查的就有 4 万余人。仅仅就此而论，这也是近代中国从鸦片战争到中华人民共和国成立前这 110 多年历史中，除了 1920 年的海原大地震外，破坏性最大的地震。它的波及面绝不仅仅在于甘肃一省，其他如山西、陕西、河南、四川、湖北等省的百余县市，也受到或轻或重的影响，而它们大部分又处于华北大旱荒的区域内。这无异于给正在从旱灾中复苏的群众一个新的沉重的打击，使整个华北灾区，再一次陷入惶惶不可终日的状态之中。请看一些重灾区的惨象：

阶州：南乡压死 4100 余人，牲畜房屋毙坏 60%；西乡压死 1800 多人，牲畜房屋毙坏 40%；北乡压死 1300 多人，牲畜房屋毙坏 60%；东乡压死 650 余人，牲畜房屋毙坏 20%。城外万寿山上的玉皇宫、龙兴寺，玉凤山上的太山庙，共坍塌佛殿 60 余间。州署的大堂、二堂、官衙房及仪门头门的梁柱，多半欹侧，墙壁倒塌过半。各处的小房大都塌坏。城墙垛口全行摇落，城身也多半坼裂。由于地层断裂挤压，城中突然鼓起一个周长约 2 里的土阜，各处山飞石走，地裂水出。南山发生崩塌，造成西南城墙及 200 余家民户被冲压，遭难死亡者共 9881 人。

文县：城垣倾圮，衙署、仓廒、监狱、学宫、寺庙等也都倒塌。离县城东北 50 公里处的临江关全部陷没。县城之内，塌损民房 750 余间，倒塌者 80 余间，压死 26 人。城外塌损民房 2800 余间，全行倒塌者 350 余间。西路鹄飞、东峪、马莲河等地 19 处，共压死 5868 人，牲畜 1590 余头，由于山压、水冲而倒塌的房屋约占 60% ~ 80%。北路盘通、尖山、临江、河水等 17 处，共压死 4849 人，倒塌山庄房屋牲畜 30% ~ 70% 不等。

西固：城垣周围共崩塌约 75 丈，寺庙、学宫均有坍塌。各处房屋坍塌 80%，各乡道路皆有崩断。共压死 437 人，压毙牲畜 80%。

礼县：城墙震裂数处，各有长 2 丈多的裂缝；垛口震塌 99 个，震裂 224 个。各衙署房墙都有倒塌，仓廒震塌 6 间，文庙的围墙震塌 2 丈。其余墙屋倒塌无数。东、南、西乡共压死 42 人。

西和：四面城墙共裂缝 10 余处，震倒垛墙 97 丈。衙署摇倒。城外以南乡和北乡最重，南乡摇坏房屋 2200 余间，死伤 38 人；北乡摇坏房屋 1990 余间，死伤 9 人。城乡共摇损民房 6600 余间，死伤 70 人。

南坪（今属四川省）：城墙震塌百余丈，道路桥梁也多有坍塌。海珠河以下至柴门关共塌毁杉板房屋 2960 余间，城乡附近及东、南、北三路共塌毁杉板房屋 4053 间，死伤 300 余人。

此后的 1880 年夏天和 1881 年夏天，在原来震中地区的文县和阶州一带，又连续两年发生了地震。像这样如同黄河决口或其他水旱蝗等自然灾害式的连年性同一区域的地震，在近代中国历史中，确属少遇。

四 世纪之交的自然灾害与 政治风云

从 19 世纪末到 20 世纪初，晚清社会又进入了一个政治上风雨激荡的时代。对中国社会的发展产生过重要影响或起过关键作用的甲午战争、戊戌变法、义和团运动和辛亥革命，都发生在这个世纪之交的历史时刻。意味深长的是，与这些重大的历史事件的时空相呼应，惨重的自然灾害也接踵袭来，造成了自然灾害与政治事变互为背景、互为联系的这样一种社会局面。

北方水患与甲午战争

1894 年，是连续八年的顺直水灾的第四年。也正是这一年，爆发了以签订马关条约为最终代价的中日甲午战争。

此前自 1891 年起，作为清朝统治中心所在地的顺直地区就一直处于水患的困扰之中。当年入夏以后，文安、大城、安州、武清、宝坻、宁河、乐亭、青县、静海、沧州、南皮、盐山、庆云、永年、曲阳、献县等16州县因雨水过旺成灾。其中，安州境内一些地区几乎颗粒无收。特别是承德府建昌县（今辽宁省凌源市）东北敖汉旗地方，东接朝阳县（今属辽宁省），西连赤峰县（今属内蒙古自治区），南接平泉州（今河北省平泉县），上一年就因亢旱歉收，粮价昂贵。这年7月上旬突逢风雨交加的坏天气，经旬不止。这场风雨导致气温骤降，甚至出现霜寒，致使田禾受伤。到9月中旬，建昌县一带又出现连天的霜冻，再一次让大片大片的田禾成为枯草。其他受灾较轻的地方的庄稼又被虫害弄得"叶穗全无"。

第二年（1892），顺直地区出现了更大的水荒。当年6月28日到7月19日，几乎是连朝大雨，通宵达旦，势若倾盆。同时上游边外山水暴发，西南邻省诸水又奔腾汇注，结果各河同时狂涨，惊涛骇浪，防不胜防，导致永定、南运、北运、大清、潴龙、潮白、拒马等河先后漫溢。沿河州县的庐舍民田尽成泽国，水深从数尺到丈余不等。尤其是天津地区，本来就地势低洼，易发涝情，此时加上海水倒灌，更是遍地皆水，浩瀚汪洋，一望无际，交通断绝。当年，顺天、保定、天津、河间等府普罹水灾，秋收无着。其中通州等41州县灾情甚重。直隶的其他地区，如南部的开州、东明、长垣，西北部的口外地区，东北部的承德府属地区以及京城周围，也因黄河决口、霜、蝗等情出现了程度不同的灾情。这一年，遭受水灾和霜灾的地区几乎遍布直隶的各个角落。

59

1893 年，上述地区的水患呈年甚一年之势。入夏以后，倾盆大雨连日不断，永定河、南北运河、大清河、潴龙河、潮白河、子牙河、滦河、蓟运河、凤河等同时狂涨，纷纷漫溢。造成了上下千余里一片汪洋的泛滥局面，据当时的直隶总督李鸿章向朝廷奏报，共有 64 个州县受灾。京城内外，也出现了数十年未遇的大水，不仅城外已成泽国，田禾尽淹，人皆露宿，嗷嗷待哺者举目皆是，而且城内的前三门因水深数尺，已不能启闭，许多民居由于为大水包围，居民不能出户，已告断炊。至于在这场大水中被倒塌的墙垣压毙以及被水淹死者，肯定不在少数。京城如此，其他地区的惨况更可想而知。而这一年，恰恰是甲午战争爆发的前一年。

从 1894 年夏秋间到 1895 年的春天，发生了众所周知的中日甲午战争。这场战争的陆战战场涉及辽东半岛和山东半岛的一些地区。我们先来看看与战争相关的地区的自然灾害情势。顺直地区虽然不是实际战场，但它作为中国方面战争最高决策中心和指挥中心的所在地，与战争的关系不言而喻。1894 年，是进入 19 世纪 90 年代以后顺直地区连续第四年的水灾之年，也是甲午战争前这一地区连续第十一年发生大面积的水灾。这一年入夏以后，又是长时期的狂风暴雨，诸河漫决，汪洋一片。据统计，本年直隶全省受灾地区达 68 州县，歉收地区达 34 州县，合计秋禾灾歉的州县共有 102 个之多。一些重灾区的收成已不足平常年景的 1/10，大量的饥民只好以糠秕代食。自然，灾民大举转徙流离的现象已在所难免。有的灾民走投无路，一家七八口服毒自尽。直隶一带的灾民，日以千计地向热河等地逃荒就食，自 1894 年秋到 1895 年夏，络绎无绝。

作为甲午战争在中国大陆境内的主要战场的奉天一带，1894 年的夏天也是连降暴雨，河水泛滥，大灾临头。奉天省内的新民、广宁、锦县、辽阳、海城、盖平、复州、岫岩、熊岳等州县被淹，造成了数十万灾民无衣无食并且寒冬在即的难堪局面。锦州到辽阳一线灾区，大多颗粒无收，最好的也不过一二分的收成，到第二年春夏间，依然是赤野千里，拆屋卖人，道殣相望的场面。

山东半岛是甲午战争在中国境内的另一个战场。1894 年，这里也发生了不大不小的水灾。山东省自 1855 年黄河改道后，已变成河患频仍的黄泛区。这一年夏秋，又是雨水过多，积潦难消，齐东、青城、蒲台、利津、章丘、东平、东阿、滨州、临清等地灾情较重，这一年山东全省因灾蠲缓钱粮的地区达 80 多个州县。

在天灾人祸的交相蹂躏下，奉天地区笼罩在特别悲苦和凄惨的氛围中。本来，每遇大灾之年，流离失所、鬻妻卖子的情景就在所难免。而奉天当年则是"大荒之后，继以重兵"。当年的水灾，已造成数十万灾民无衣无食，嗷嗷待哺的局面。秋冬相交之际，日军 2 万多人在辽东半岛花园口登陆，向金州、大连进犯，并于 11 月 22 日攻克旅顺，在那里制造了骇人听闻的大屠杀，2万多中国平民惨死在屠刀之下。日军还曾在析木城、田庄台等地制造了把繁华城镇轰成一片焦土的绝灭人性的大破坏。这些都使尚在荒年中挣扎的饥寒交迫的灾民，雪上加霜，一下子又陷入侵略军铁蹄的肆意践踏和炮火的无情屠戮之中。有人形容当时的情形时，用了"望风逃徙，城市一空"，"既被贼扰，又遭兵劫，疮痍遍地，惨不堪言"，"绅民迁避，络绎道途；商贾惊惶，到处罢市"等词句。老百姓在这样地狱般的生活境况中，田不能种，归无所栖，忍无可忍，不免铤而走险，一些史料中也出现了"盗风日炽，抢往劫来，所在皆有"，"内乱将作"等语句。概括起来看，在天灾战祸内乱的"风刀霜剑"严酷相逼之下，人民群众过着地狱般的悲惨生活。

另外，对于战争的进程、战局的发展和演变，自然灾害也给予了多方面的影响。严重的灾荒不仅使清军基本上失去了来自地方的物质援助，有时反而还要匀出有限的军资军食去救济为饥荒所困的灾民。清军统帅吴大澂到前线后，做的第一件事不是军事方面的行动，而是为灾区的饥民们筹赈。他在向朝廷上的奏折以及发给李鸿章、王文韶、盛宣怀等人的电报中，反复强调奉天各地水灾严重，饥民遍野，道殣相望的灾情，指出如不迅速安抚饥黎，收拾人心，战争将很难进行。吴大澂是去打仗的，他这样反映情况，的确证实了当年的灾荒给战争的进行带来巨大的困难。不难想象，周围是引颈企盼军队救济以免饿死沟壑的群众，军中是收养来的数以百计嗷嗷待哺的小儿，军队怎么能进入好的作战状态呢？更何况清军面对的是数以万计的强大的日本侵略者。

在战争的后勤保障中，军粮的供给也是十分重要的环节，所谓"大军未动，粮草先行"说的就是这个道理。然而甲午战争中由于陆战的主要战区又是灾区，军粮的筹集遇到了很大的问题。当地粮源匮乏，粮价昂贵，使得军粮的采购十分困难。战争在中国的土地上进行，日军的后勤供给线甚长，清军就地筹粮，这本来是一个非常重要的优势，但这个优势恰恰因为严重的自然灾害的发生而丧失了。补给跟不上去，军队的作战能力显然要大打折扣，这或许也是引起清军全线溃败的诸种因素中的一项。

灾荒甚至使清军无法在一些战略要地安营扎寨。1895年春天，溃退的清军集结在田台庄一带，吴大澂等部原想在离田庄台不远的双台子"收拾余烬"，后来因这里经过前一年的水患，至今泥水过大，不便久驻，并且地势低洼荒苦，军队无处可扎营，不得已只好退到石山。这至少使吴大澂的军队失去了占据有利地形，经过休整后进行反击的可能性。

甲午战争的辽东战事最终以清军的溃败而告结束。不能否认，1894年的奉天水灾，与这场战争的进程，有着相当密切的关系。

战后的1896～1898年，顺直地区又连续三年发生水患，每年又是数十个州县被淹，灾民不是"困苦颠连，不堪言状"，就是"十室九空，困苦已极"。整个灾区的气氛与战后危机四起的政治环境互相呼应，使晚清政权在政治灾难与自然灾害交相发作的双重压力下，越来越泥足深陷，难以自拔。

 ## 华北大旱与义和团运动

世纪之交的 1899 年和 1900 年，也是义和团运动风起云涌，席卷和震撼了中国的两年。义和团运动是一场轰轰烈烈的反抗外来侵略的爱国运动。它的发动者和参加者是以农民为主的底层民众，这就意味着这场运动与自然灾害，不无某种相关的地方。

山东是义和团运动兴起的地区。1899 年，这里一反前几年以涝为主的灾害态势，在水患频发的黄河流域，出现了较重的旱情。登、莱、沂、青四府春旱严重，二麦歉收。8 月，旱情进一步加重，发生了"饿莩枕藉，倒毙在途"的惨景。其中以登州的海阳、莱阳、招远，莱州的平度、即墨，沂州的莒州（今莒县）、沂水、日照，青州的诸城、安丘灾情最重。

直隶在连续九年发生水灾之后，1899 年却出现了长期无雨的大旱。自春到冬，几乎未下过雨，春麦也无法播种。这一年，全省因旱而致灾歉的地区共 33 个州县。

山西省当年自入秋以后，也一直亢旱不雨。秋收大减，冬麦也无法播种。

河南省 1899 年的受旱面积较广，尤其以黄河以北的怀庆、彰德、卫辉三府为最重。有的地区秋禾枯槁，颗粒无收；有的地区冬无积雪，二麦未能播种；有的地区弥望千里，飞鸟尽绝。更不乏有的地区饥民百计成群，聚众攫食。以怀庆府的济源县为例，南北两乡龙潭、轵城等里共230个村庄，成灾六分；西乡的在城等里及东乡的万枕山等共133个村庄，成灾五分。全县灾民达29508户，共10万余人。全省灾区达58个州县。

西北的陕甘两省也发生了大面积的旱荒。陕西受旱加上遭雹、霜而成灾的地方包括咸宁、长安等30州县。其中有些地区旱情相当严重，如府谷县，收成只有二分的土地有48436亩；神木县收成只有二分的土地有38130亩；武功县除近河滩地稍有收获外，大部分土地收成不足二分，甚至有颗粒无收的；葭州平均收成在三分上下。甘肃遭旱地方较陕西为少，大约在20州县。

1900年，旱情在北方义和团运动活跃的地区继续发展和加剧。直隶地区自春至夏，一直雨泽愆期，特别是南部的大名、顺德、广平三府，麦收锐减。入秋之后，又是连月不雨。献县、曲周等15州县各有几十或数百个村庄受灾较重，民不聊生。天津一带也因春夏无雨，瘟气流行，杂灾四起。

山东这一年是旱涝交乘。春天，因天气骤暖，黄河上游冰解，河水猛涨，下游不少堤岸被冲漫决，以致淹毙人口，冲没房屋。据统计，滨州被淹的村庄有602个，蒲台12个，利津164个，沾化69个。入夏以后，不少州县又干旱成灾，济阳、清平、临清、丘县、馆陶、堂邑等地，都出现了程度不等的旱情，许多地区发生饥荒。当年，全省受灾地区达 64 个州县。

旱情在晋秦一带进一步加剧和蔓延。山西省自春至夏一直多晴鲜雨，旱象十足。二麦枯萎，导致歉收的地区，包括临汾、太平、洪洞、襄陵、介休、祁县、永宁、荣河、神池、稷山、岚县、汾阳、平遥、宁乡、石楼、翼城、弓宁、吉州、大同、怀仁、保德、闻喜、垣曲、灵石、赵城、阳曲、太谷、徐沟、兴县、孝义、临县、曲沃、沁源、绛县、河津、霍州、蒲县等 37 个州县。入秋之后，旱情仍不见缓解。当年的山西，重灾区颗粒无收，轻一点的也是程度不同的歉收。而灾区的黎民百姓，强壮的逃乞他乡，老弱妇幼只好四处拾拣槐豆、蒺藜充饥，在不少地方，树皮都被刮尽了。这场大旱，弄得三晋饿殍枕藉，人心惶惶。

陕西 1900 年的旱区，更多达 60 多个州县，饥黎已逾百万。其中重灾区为高陵、三原、泾阳、醴泉、咸阳、富平、大荔、韩城、萍城、白水、岐山、扶风、肤施、安塞、甘泉、安定（今子长）、延长、延川、定边、靖边、府谷、神木、邠州、旬邑（今三水）、淳化、长武、鄜州、宜君、洛川、中部（今黄陵）、乾州、武功、永寿、绥德、米脂、清涧、吴堡等 37 个州县。这些地区的大批饥民纷纷逃荒求食，路上数天也吃不上一顿哪怕是粗劣的饱饭的人，比比皆是，一眼看去，枯焦羸瘠，挣扎在死亡线上。当时的报纸报道，陕西已发生了"人相食"的惨剧。

当年，全国出现旱情或局部旱情的省区还有四川、河南、湖南、江西、贵州、新疆、甘肃、浙江、江苏等省。

正是发生于全国各地，特别是黄河流域的这场大旱荒，促成了风起云涌的义和团运动。义和团面对无数灾黎仰屋兴叹、渴盼雨水而又束手无策的情势，在他们的传单、揭帖、告白、歌谣等各类宣传品中反复宣传说："天久不雨，皆由上天震怒洋教所致"，"扫平洋人，才有下雨之期"，"不平（洋人）不能下大雨"。把对洋人罪恶的揭露同广大群众特别是农民的切身利害联系了起来。这种宣传随着旱情的加重效果越来越明显。可以说，在一些地区，义和团的队伍是随着旱情的发展而发展的。《天津政俗沿革记》具体记载了这种效果——

光绪二十六年（1900）正月，山东义和拳其术流入天津，初犹不敢滋事，惟习拳者日众。二月，无雨，谣言益多。痛诋洋人，仇杀教民之语日有所闻。习拳者益众。三月，仍无雨，瘟气流行。拳匪趁势造言，云："扫平洋人，自然得雨。"四月，仍无雨。各处拳匪渐有立坛者。

英国公使窦纳乐甚至认为："只要下几天雨，消灭了激起乡村不安的长久旱象，将比中国政府或外国政府的任何措施都更迅速地恢复平静。"这个推想的确被某些事实所验证。有这样一个发生在山东的典型的例子：

（山东）刘士端组织的是金钟罩，也叫大刀会。那年天旱，麦没收好，人心惶惶，饥饿所迫，激起民愤，鲁西南几个县在大刀会旗号下动起来了，聚集在安陵崮堆一带，声势浩大。刘穿着戏衣，骑马拿刀，自称皇帝，穿黄衣，坐轿。结果麦后下了几场大雨，群众分散回家种豆子去了。当地群众流传着这样的歌谣："安陵崮堆拉大旗，淋散了。"

可见，义和团运动固然有着更为复杂和深刻的政治背景，但在许多情况下，灾荒对义和团运动的起端、形势和规模，往往起了直接的也是十分关键的推动作用。处在饥困、潦倒、哀鸣中的灾民，有如一片片干柴，很容易燃起仇恨的烈火。这些底层民众接受了义和团响亮、简单、明了的仇教宣传，又得不到正确的思想和理论的指点，便不免带着极端的情绪和盲目的破坏意识，加入到社会冲突的角色中，掀起了强劲的社会冲击波。

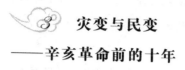

8　灾变与民变

——辛亥革命前的十年

人类进入 20 世纪后的第一个十年，也是清朝政权存在的最后一个十年。1911 年的辛亥革命终于把已经腐朽和没落透顶的清王朝送进了坟墓。须知，这场革命是以十年间此起彼伏的武装起义和民变为前奏的，而伴随这些起义和民变风潮的，又是连年的大规模的灾荒。可以这样说，辛亥革命前的十年是国内外各种冲突和社会矛盾日益激化，革命形势逐步形成的十年。在促使革命形势渐趋成熟的诸种因素中，灾荒无疑是一个相当重要的方面。

请看这十年的灾情。

1901 年。这一年东南滨江各省都发生了水灾。其中安徽的灾情最为严重，到处汪洋一片，灾民不下数十万人。江苏也出现了几十年不遇的水患，各州县被冲决的圩埝多达一千数百处。江西有 40 多个州县被水，灾区的田亩几乎颗粒无收。湖北入夏后暴雨连朝，江汉并涨，田庐和禾稼多被冲没；入秋后，又雨泽稀少，干旱成灾。湖南、浙江、福建全省及广东、云南、东北的局部地区也出现了水灾。直隶和河南则先旱后潦，河南的兰考和山东的章丘、惠民先后发生黄河漫决。山西、陕西部分地区旱象严重。

1902 年。这一年全国各地以旱情为主。受灾最重的是四川，发生了该省历史上罕见的大旱奇荒，旱情持续了大约一年多，灾区达 90 多个州县，灾民达数千万。扶老携幼，迁徙他乡又死于道途者不计其数。卖儿卖女，杀人或自杀的现象也层出不穷。整个四川省陷于一种市廛寥落、闾巷无烟的悲惨境况中。这年的山东则大雨成灾，黄河在利津、寿张、惠民等地决口，济南等 10 府被淹。此外，江苏南部、湖南辰州等地、顺直地区、黑龙江瑷珲一带瘟疫流行，死人无算。直隶广宗、巨鹿一带春旱；皖北入夏旱蝗成灾。湖北大部和江西、福建、广东、广西等省的部分地区夏涝秋旱，或水旱交织。山西45个厅州县、陕西8个县，甘肃、河南、浙江、云南、贵州、吉林、新疆的部分州县，遭水、风、旱、雹、蝗灾。新疆阿图什附近地区发生了强度达八级多的强烈地震。

1903年。灾情较轻，一般省份大抵只有局部的水旱灾。稍重的直隶省先出现了麦苗尽枯的旱情，入夏后又大雨连旬，造成省内各河漫决，共有30多个州县受灾。山东黄河决口，全省86个州县发生水灾。其他受灾较重的地区还有陕西、湖北、广东、奉天、吉林、湖南、四川、江苏、浙江、甘肃、广西、云南、江西和新疆等省。其中四川合州，大水淹及山腰州署，四周一片汪洋，城外居民数千户漂没净尽；南充塌城400多丈。广西一些地区因旱情严重和连年的饥荒，出现了"人相食"的惨景。

1904年。西部地区发生历史上罕见的跨流域特大洪水。7月11日至18日，青藏高原东侧包括西宁、皋兰迤南，天水、成都以西，澜沧江以北的广大地区，因持续降雨，使甘肃境内的黄河、渭河、白龙江，四川西北部的岷江及大渡河、青衣江、雅砻江等河上游同时暴涨，泛滥成灾。甘肃皋兰关厢内外一片汪洋，河滩村庄20余处被冲没，灾民达2万多，受灾之重为前所未有。黄河也再一次在利津两度漫决，山东被淹地区甚广。四川又一次发生大旱荒，川东北6府2州59县亢旱无雨，郊原坼裂，草木焦卷。直隶夏雨过多，永定河决口，滨河州县被水成灾。云南、福建、广东、浙江、湖南、湖北、甘肃部分地区遭暴雨侵袭。河南则先旱后潦。

1905年。全国仍有较大面积的水灾。四川35个厅州县、云南11个厅州县、湖南14个厅州县、闽东南、苏南与徐淮一部、贵州部分地区、奉天中南部、新疆英吉沙尔厅，夏秋遭水灾。其中云、贵灾情最重，如8月上旬大雨倾盆，昆明城外河堤漫决，大水从东南入城，深数尺及丈余，东南城外数十里民房田亩概被冲没。云南、川东北、福建、湖南等地，都是连年遭淹之区。此外，直隶28个州县、山西22个厅州县、河南40个州县、江苏33个厅州县、浙江72个厅州县、湖北25个厅州县、安徽28个州县、江西26个厅州县，并陕西、甘肃、吉林等省少数州县，遭水、旱、雹、虫各灾。9月，苏南沿海遭特大潮灾，淹毙人命以万计。吉林则发生了强烈地震。

1906年。全国灾情十分严重，不少省份发生特大洪灾，少数地区又亢旱异常。广东自春及夏，大雨滂沱，江水暴涨，广州、肇庆、高州、钦州等地泛滥成灾，秋间部分地区又遭飓风袭击。两湖地区春夏间连降大雨，江、汉、湘水同时并涨，积水横决，数百里间一片汪洋，仅被淹死的灾民就达三四万人之多。江苏的水灾也遍及八府一州，导致粮食颗粒无收，百姓流离失所。安徽在春夏之交淫雨60多天，致使山洪暴发，淮、泗、沙、汝、淝等河同时并涨，上下千余里，尽成泽国。浙江省8月间狂风暴雨，江流涨溢，湖水倒灌，水灾范围极广，湖州府属地灾情尤其严重。此外，广西、四川、河南、江西、福建、甘肃、山东、陕西等省，也有轻重不等的水灾。云南则遇上了前所不见的大旱荒，蔓延数十州县，赤地千里，耕百获一。

正是在 1906 年底，爆发了著名的萍浏醴起义。这次起义与前一年成立的中国同盟会虽然没有直接的关系，但却明显是在同盟会的影响下发生的。它一直被视为辛亥革命前一系列起义和暴动中的非常重要的一次。起义军曾迅速发展到数万人，虽然前后只活动了半个多月，却给清朝统治集团以极大的震动。这次起义发生在湖南、江西交界处，而这一年湖南正遭受严重水灾，湘赣交界一带又有重大旱灾。除萍浏醴起义外，这一年全国还发生抗租、抢米风潮及饥民暴动等自发反抗斗争约 199 起，其中一些规模和影响较大的事件，主要发生在浙江、江苏、安徽、湖北、江西、广东等省，这些省份，几乎无一例外地遭水潦灾害，而且大都灾情极重。

1907 年和 1908 年。这两年，抢米风潮曾稍见沉寂，这同自然灾害略呈轻缓之势，显然并非偶然的巧合。当时灾情较重的，主要是 1907 年直隶、黑龙江的先旱后潦，造成大面积禾稼失收；1908 年广东三次遭飓风暴雨侵袭，灾民达百万之众。其余各省，大体均能接近平常年景。

1909 年。这是清朝最后一位皇帝（宣统）即位的第一个年头。全国下层群众的自发反抗斗争约 149 次，其中几次规模较大的抢米风潮和饥民暴动，主要发生在浙江和甘肃两省。恰恰这一年这两省的灾情最为严重。甘肃省本来已连续干旱两年，本年又是雨雪愆期。到入夏时，又是春麦颗粒无收，秋禾未种，而且饮水也已枯竭。持续干旱引起饥民骚动，安定甚至发生饥民围城求食之事。清政府软硬兼施，加以镇压。7月中旬以后，甘肃的旱区突然一变，出现连日的大雨天。旱象虽告解除，却又因山水涨发，使皋兰、金县（今榆中）、河州（今临夏）、平番（今永登）、沙泥、秦州、三岔、秦安、伏羌（今甘谷）、宁灵等地川边低地，田禾大部分被冲淹。黄河也跟着暴涨，兰州西关一带的房屋多被河流冲倒，沿岸大批民居受淹。

浙江的情形正好与甘肃相反。先是5、6月间连降大雨，积潦成灾，杭州、嘉兴、湖州、绍兴、严州五府田地被淹，秧苗多遭霉烂。有的田中积水深逾一丈。7月以后，又连续数十日滴雨未降，致使后来池港皆涸，田地龟裂。灾民们不得不扶老携幼，进城求赈。地方官不但置之不理，甚而还匿讳灾情，一味催逼钱粮。当时的一家报纸尖锐地抨击说："呜呼！此地狱变相耶？抑预备立宪之现象耶？海内热心君子，痛甘陇之奇荒，大声疾呼，为民请命，抑知浙中之同胞，陷此悲惨困苦之活地狱，岂竟忍不为之援手乎！"

除甘肃、浙江外，这一年湖南、湖北、安徽、广东、江苏、奉天、吉林、新疆等省也都洪涝为灾，有些地方甚至出现了非常严重的灾情。

1910年。下层群众自发的反抗斗争陡然上升到266次。这种情况的出现，反映出革命的形势已经日见成熟，统治阶级再也不能照旧统治下去，人民群众也再不能照旧生活下去了。这种形势的造成，自然有着多方面的原因，但自然灾害的普遍发生，也是其中一个不容忽视的因素。1910年发生的抢米风潮，几乎全部发生在长江中下游的湖北、湖南、安徽、江西、江苏五省。而这一年全国的自然灾害，主要集中在两个大范围：一个是东北三省；另一个就是上述的长江中下游五省。

东北地区的黑龙江、吉林和奉天三省于夏秋间连降暴雨，致使嫩江、松花江、柳河、瑷珲坤河等纷纷发水，大片土地被淹。除水害外，东三省还发生了严重的鼠疫流行，造成人口的大量死亡。

长江中下游的水灾，湖北有28个州县沦为重灾区。安徽省仅皖南的宣城、南陵、繁昌等县，就淹了20多万亩田地；皖北的灾情更超过了皖南，灾民已逾200万。死亡的人数，日甚一日。江西的水情较安徽略轻，但也有数十个州县被淹。浙江省有三四十个州县遭灾。

这里要特别提到湖南的情况。因为这一年发生了震动全国的长沙抢米风潮。此前，湖南已经连续数年发生水灾，粮食短缺现象已很突出。这年初夏以后，开始则天寒地冻，继则暴雨狂风，造成又一次全省性的罕见奇灾。麦豆杂粮等已损失了大半，所播的稻种也因气候异常而不能正常生长。常德一带不仅市面冷落异常，而且居民流离失所，甚至鬻妻卖子以图存活。沅江、龙阳、湘阴等县滨河地区已成泽国，牲畜器皿无一存者，数百人毙命。澧州、石门、安福、安乡等州县的一些地方，树皮草根已被剥食殆尽，不少人因饥饿至极食谷壳或观音土，致哽噎腹胀，甚而毙命。当年，全省灾民达10多万人，他们离乡背井，四处流浪。聚集在长沙等大城市的灾民不得不横卧街巷，风吹雨淋，冻饿致死者每天达数十人之多。长沙的抢米风潮正是在这样的背景下发生的。

1911年。上面述及的这些省份，再一次普遍发生了惨重的水患，两湖、江浙等省，灾情如故。正是在这样一个当口，10月10日，武昌起义的枪声响了。中国最后一个封建王朝终于在饥寒交迫的灾民的呻吟声中被历史埋葬。

五　旧患无穷的新纪元

　　这是一个以臭名昭著的政治集团北洋军阀命名的历史时期，从 1912 年袁世凯窃取临时大总统职位到 1927 年张作霖自任大元帅，北洋政府前后更换了 13 任首脑（包括临时总统、总统、摄政、执政、大元帅等不同称谓），46 届内阁，其间还穿插着不少丑剧、闹剧、滑稽剧。鲁迅先生的一番话，颇能代表当时一部分爱国人士的心态："见过辛亥革命，见过二次革命，见过袁世凯称帝，张勋复辟，看来看去，就看得怀疑起来，于是失望，颓唐得很了。"

　　然而，这终究又是一个令人振奋的历史年代。五四运动，以其波澜壮阔的磅礴之势，震惊了中国，也震惊了世界，它标志着千年睡狮的真正觉醒，它揭开了近代中国历史的新的一页。随之诞生的中国共产党，更给未来中国的发展确立了正确的航向，给在漫漫长夜里上下求索的中国人昭示了新纪元的曙光。

　　正是在这样一种新旧交替的历史转折之际，曾经肆虐着神州大地的诸种自然灾害又进入了一个新的频发期，高峰期，并以 1915 年珠江流域大洪水、1920 年北五省大旱灾和甘肃大地震为主体，在中国社会的最底层无情地刻下了一幕幕伤心惨目的历史图景。这种种历史图景正好极具象征意义地告诉我们，新的民主革命的历史时期究竟是在什么样的黑暗时世下到来的。中国共产党从诞生之日起就下定决心要加以推翻的旧世界，是一个怎样的令人不寒而栗的人间地狱。

被淹没的明珠

　　纵观此一时期的灾害面貌，水灾最为普遍。从民国肇始的顺直水灾、苏皖洪害和浙江风暴潮，到1915年的珠江大洪水，从1917年的岷江巨洪、畿辅大水，到1921年以整个淮河流域为中心波及江苏、安徽、河南、山东、直隶、陕西、湖北、浙江等八省区的辛酉大水（辛酉为这一年的农历干支纪年），乃至1924、1926年全国性的洪涝灾害，汪洋大水轮番袭击着东西南北中几乎每一片国土。其中，灾情尤为惨烈的莫过于发生在南中国的珠江大水灾了。

　　珠江的长度在中国的江河中只排第五位，但它的流量却为黄河的六倍多，仅次于长江。它是由流经云南、贵州、广西、广东的干流西江和北江、东江组成，并在广州附近汇流入海。由三江年深日久地冲积而成的珠江三角洲也成了广东的象征。三角洲上风光秀丽，四季常青，河渠纵横，稻浪无垠，盛产大米、蔗糖、蚕丝和塘鱼，是南国大地上一颗灿烂的明珠。由于珠江各河位处高温多雨地区，雨季长、台风多、潮汛急，每年汛期（4～10月）达半年之久，洪水暴涨也较为频繁，含沙量极小，大约仅为黄河的1/300，各干支流洪水汇集时间又因地理位置和天气系统的不同而先后错开，一般年份还不致酿成大面积的严重洪灾。据史料统计，珠江中下游洪水灾害发生的次数平均约30至40年一大灾，2至3年一小灾，相对于决溢频繁的黄河来说，水患显然要轻得多。不过，自清代中叶以后，特别是嘉庆朝以来，随着人口的不断增加以及因此而造成的对沿江沙田地大范围不合理的筑坝围垦，珠江水患明显地表现出加速发展的趋势。据《珠江三角洲农业志》统计，1279～1367年（元代）共发生水患14起，平均间距6.29年；1368～1795年（明至清中叶），共发生水患216起，平均间距1.98年；而1796～1949年（清嘉庆至民国），发生水患137起，平均间距仅1.11年。光绪中叶曾任两广总督的张之洞即注意到这一变化，指出，广州、肇庆两府的水害，"以前每数年、数十年而一见，近二十年来，几于无岁无之"。此后由于封建王朝日暮途穷，民国初年政局动荡，水利不修，水政废弛，珠江水患更是愈演愈烈。

1912年，也就是袁世凯当政的头一年，东江流域的惠州于7月初先发大水，军民绝食。继而石龙县城成了水国，城内水深五六尺，溺毙男女数人。随后新会、江门、高明等县沿江一带，禾田杂粮尽遭淹没。三水县大海州乡的围基因洪水陡涨而崩决，顿时被汹涌的水势所吞没，饥民遍地，令人目不忍睹。潮州府的惠来县也大雨连夜，水围县城，使城门不能出入，后又雷雨大作，水势更凶，城北被水推倒三丈余，演成数十年未有的奇灾。

1913年春天，广东西江、北江一带迭遭风雨，水势陡涨，又是一番拔树倒屋淹没人畜禾稻的惨象。不料至10月份晚秋时节，珠江流域再次风雨如潮，长乐（今五华）、普宁、靖远、陆丰、惠州等地顿遭淹没。长乐县一次即冲毁店屋数千间，淹毙人民百余口；普宁县淹毙80余人；陆丰县城内水深六尺余，房屋倒塌十之八九；其余的也损失惨重。

1914年入夏后，更是连日大雨如注，西江暴涨，北江也同时泛滥，酿成巨灾。据《东方杂志》报道，仅广州、肇庆两府，就有灾黎数十万，灾区广达9000方里。

珠江流域连续三年的洪水灾害，只不过是锦绣南国一场百年不遇的特大浩劫的前奏。1915年6月下旬到7月上旬，以岭南为中心，广东、广西及江西、福建、湖南、云南等省许多地区，都笼罩在暴雨和沉雷之中，珠江流域出现了历史上罕见的三江并涨的局面。据考证，西江梧州河段、北江横石河段的洪峰流量，都突破了历史最高纪录，分别是1784年、1764年以来200余年中最大的一次洪水；东江也形成了巨大的洪峰，水位高达13米。7月9日，东江的大洪水率先闯进珠江三角洲地区，10日，西、北江洪水接踵袭来，加上几乎同时（7月12日）出现的大潮，珠江各水系下游及三角洲骤然淹没在滚滚洪流之中，除少数幸免外，几乎所有的堤围悉数崩决。

7月8日，高要县香山围崩决数十丈。次日，肇庆府城景福围崩塌缺口200余丈，三马街及附近铺户全都倒塌，死者数千人，满江浮尸，饥民10余万。三水县榕塞火围内百余乡，也于同日崩决两口，每口约数十丈，一片汪洋。佛山镇自附近各围相继溃决后，全镇数十万难民露宿岗顶，绝食待毙，传闻有2万余人死难。同年8月17日上海《时报》登载粤东水灾图，列出的受灾县份包括北江的连县、连山、阳山、翁源、清远、佛冈、英德、龙门，东江的增城、河源、兴宁、博罗、惠阳、龙川、东莞及西江的南海、四会、德庆、新兴、茂名、吴川、信宜等43个。整个广东约有半数的县份和1/3的民众成为这场洪水直接打击的对象，总计受灾农田达1022万亩，仅珠江三角洲18个县市受灾面积即达647万亩，受灾人口378万余人。

在这片由浮尸、稻禾、饥民组成的汪洋中，位于三角洲核心地带的广州市便成为三江洪水奔流倒泻的主要目标。

7月10日，广州河南一带水漫街头。11日，西关一带积水三尺上下。12日，大潮突涌，水势骤涨，下西关水位几乎没及屋瓦，上西关水位及门，灾民们纷纷躲进城内。由于街道狭隘，街栅林立，难民云集，警方的救生艇无法行进，灾民只好爬上屋顶待援，救命之声响彻城内。然而潮水不等人，"房屋纷纷倒塌，人民即溺毙水中"。下西关是个富裕的地带，有钱人家可以出大价钱，"有一百元而雇一艇，有数十元而雇一轿，有三五百元而救一命者"，但对于普通的平民百姓而言，与其说"坐以待援"，莫如"坐以待毙"更恰当。13日，水势更甚。城区商工停业，交通阻塞，轮船、渡船不能开行，自来水不能开放，晚上电灯也无法放光，整个广州城已陷于瘫痪的境地。而广州城外早已是浩浩渺渺，泽国一片。大约有20万难民涌入城内，栖息在庙堂空地，大都惊魂落魄，僵卧呻吟。不及避往高处的多数灾民往往"在树上躲避，小孩子则以绳系于树上"。

　　也就是在这一天下午，避难于西关十三行一带的商民，在做饭时不慎失火，火势迅即蔓延到附近的同兴街上。这是一条以经营火油火柴为主的商业街，大量易燃易爆物充斥其中。大火引致一条街上火油箱爆炸，火油随水浮流各街，油到之处店房尽行着火，瞬息之间，数路火起，风猛势烈，不可阻挡。在起火地点的九如茶楼，火将该楼烧毁，以致在其中避水的100余难民悉数葬于火海。有的街巷数百名妇女儿童在屋顶上面对酷烈的大火进退无路，"跳下则为水所淹，不逃则为火所毙"，哭声震天，即使火里逃生的，也焦头烂额，伤胸折臂，惨不忍睹。有的街巷，丧生于大火中的尸体膏油流出水面达半寸之厚，大批无人收殓的尸骸纵横道上，只以草席遮掩。大火一直延烧到15日早晨，有20余条街巷、2800多间店铺付之一炬，烧死1万余人。而参与救灾的军警人员也有1000多人死亡，其中消防队33人，只有3人生还。至18日大水退去后，广州有三种商店生意最隆，一是棺材店，一是搭棚店，一是收拾街道的泥水匠铺。繁荣的广州城笼罩在一片愁云惨雾之中。

与此同时，西江上游的云南、广西及与珠江流域相邻的韩江、闽江、赣江和湘江等流域的湖南、江西、福建等省也遭到大洪水或特大洪水的袭击。广西全省30余县受灾，受灾人口约220万，受灾农田约400万亩，有10万余间房屋倒塌，数十万灾民流离失所。江西重灾区20余县，湖南20余县。总计4省灾区达到120余县市。

灾害发生后，正在紧锣密鼓地密谋黄袍加身的袁世凯，为了稳定政局人心，接二连三地发布赈灾令，先后向广东、广西、江西3省共拨银35万元赈济，袁本人也捐款3万元。广东振武上将军龙济光、广东巡按使李国筠也匆匆设立一个"全省水灾筹备处"，向中国银行和商号挪借20余万元买米接济。北洋政府还下令水灾各省克日成立水利分局或水利委员会等机构。被派往灾区"慰问"的两名特使也在上海召集旅沪粤籍人士举行茶会，就广东连年不绝的水患展开了一场治标、治本的讨论。然而正如区区赈款对数百万灾民来说简直是杯水车薪，诸多治水的政令和方案，也因连年动乱，国弱民穷，都只能停留在政界或各流的茶余饭后，对于频年受到天灾威胁的人民，无异于画饼充饥。

 似曾相识荒再来

1919年夏秋之交，北方大部分地区出现严重的旱情，是年自春至秋，旱情更是酷烈异常，虽然秋收以后各地相继下了透雨，但已于事无补。包括京兆区和直隶省在内的畿辅之地，几乎全境皆旱，大片庄稼仅收一分至三分，有的尽皆枯死。山东省除胶东外，无处不旱。地瘠民贫的鲁北、鲁西一带，赤地千里，野无青草。豫西、豫北一带，炎风烈日，赤地无垠，秋禾一粒未收。豫南 13 县自上年 5 月至本年入秋，水、旱、蝗、风交相并发，通年收成不及十之一二。陕西省也水旱各灾，无所不备，受灾各县成灾五六分至八九分不等。其中如泾阳 13 个月无雨，富平 11 个月无雨，华县附近各地也是苦旱异常，乡人每天祈神求雨的，日有数起，连华县的知事、省城的督军也都祈起雨来。至 8 月上中旬才下了几场雨，但秋禾已大半枯死。而潼关以东，仍然亢旱如故，大路上尘土盈田，田野一片赤土。山西省此次受灾较轻，但因春夏久旱不雨，也形成禾苗盈尺、蔓草同枯的凄惶景象。总计受灾区域东起海岱，西达关陇，南包襄淮，北抵京畿，共有 271 万余平方里，约占全国面积的 1/4，受灾县份计 5 省 1 区共 340 个（亦有 325 或 317 个之说），至少有 3000 万灾民（一说 2000 余万）被推入饥馑流离、无以为生的境地。

据调查，当时灾民的食物包括："糠杂以麦叶，地下落叶制成之粉，花子，漂布用之土，凤尾松牙，玉蜀黍心，红金菜（野菜所蒸之饼），锯屑，苏，有毒树豆，膏粱皮，棉种子，榆皮，树叶花粉，大豆饼（极不适口），落花生壳，甘藷葛研粉（视为美味），树根，石捣之成末以取出其最细之粉"，不少儿童因为极不适口而拒食，以致饿死。稍有资产的民户则纷纷卖房、卖田、卖牲口，但在粮食短缺、粮价奇昂的条件下，各物价格暴跌，因而不仅不能苟存一息，反而无端地蒙受了巨大的损失。据统计，山东东临道各属牲畜的损失少则十之四五，多则十之六七；陕西关中道甚至高达十之七八。直隶顺德在饥馑期间，共有 18 万多亩土地易主，占所有土地面积的 13.44%。至于鬻妻卖子，在不少地方竟致成风。直隶省大名道所属各县，青春少妇，10 龄幼娃，卖价不到 10 元。有的地方则"计岁给价"，凡 15 岁到 20 岁的少女，每岁 1 元，15 岁以下每口三五元，5 岁以下不仅找不到买主，而且由于父母无力背负，往往被投入井、河之中。河南安阳一带卖女的方法更加奇特，大致每斤合制钱 100 文上下，每大洋一元合十四五斤，妇女以 80 斤计，姑娘以 70 斤计，可谓骇人听闻。据载，邯郸县一个人口不足 250 人的张广村，幼童出卖的就在 40 人到 50 人之间，而顺德一府则有 25440 名幼童被出卖，或为奴婢，或为姬妾，或转入城市被迫沦为妓女。

外逃的人群更是不绝于途。直隶献县有 23% 的人口逃往外地，山东恩县西南一带逃荒者十有六七，许多地区因此出现了十室九空、满村萧疏的凄凉景象。这些灾民流徙的方向，大致是以灾重之区为中心向四周辐散，或东进、南下至苏皖鄂楚（主要是河南省灾民）；或西进川甘，甚至远奔新疆（主要是陕西灾民）；或北上走口闯关至东北内蒙古一带（主要是直隶、山东灾民）。由于这种迁徙纯受避难求生的欲望驱动，纷纭四散，漫无目标，因而各受灾省份之间的灾民相互对流现象也普遍存在。但与以往不同的是，新兴的近代化交通设施所起的媒介作用，给这种原始的迁徙极不协调地带上了时代色彩。纵横于华北地区的几条铁路，给予绝望中的灾民似乎无限的希望。京汉、津浦、京奉及京绥、陇海各路站及沿线无不游动着大量的饥民群落。自清初以来即已绵延不绝的"走关东"，也从此进入一个新的时期，因为正是 1920～1921 年间，迁入东北的流民数量连续突破了 10 万、30 万大关，以致《海关十年报告（1922～1931）》称之为"人类有史以来最大的人口移动之一"。

由于此次灾荒持续的时间较"丁戊奇荒"相对而言要短，这年冬季北方大部分地区又和暖不寒，因此在灾荒中死亡的人数较之 40 年前是大大地减少了，据估算约在 50 万人左右。直隶的顺德府，109300 名居民中，有 31286 人冻饿而死。拥有 50 万人口的定州在是年冬季的三个星期间，每星期平均饿死 110 人。陕西省入冬以后，受灾各区，道殣相望，死亡人数，日以千计。河南禹县第二年春间因道路告绝，饿殍满野，每天死亡的不下 200 余人。不少地区久旱之后继以瘟疫。山东灾区入秋之后，疫流行，以致死亡枕藉，逃生无所。河南省受旱县份中有八县流行霍乱，仅济源一县 9 月中旬即暴死 5000 余人，尸骨遍野，豺狼满道，有如禽兽世界。那些沿线逃荒的饥民，每到一站，往往被当地官厅勒令返回，许多灾民等在车站，因冻

五　旧患无穷的新纪元

85

馁过分，时有僵毙。京汉线从保定到琉璃河一带，霍乱盛行，死者比比皆是。有道是"瑞雪兆丰年"，然而这年阴历年终飞扬于豫南一带的"尺余大雪"，却使得无数灾民陷入了愁城苦海。在内乡县，千山之中，万壑之间，冰天雪地，饿殍枕藉，往往有全家老幼冻死在道路之上。逃往外地的情状更惨，在邓县，冻死的内乡人，一坑埋至数十口；在湖北襄樊一带，大雪之后，梵刹之中，破窑之内，到处死尸堆积，难以计数，其中大都属于内乡的灾民。内乡如此，他县也可概见。

同年 7 月，北国大地长夏炎炎，赤地千里，北洋军阀内部的直系军阀，却联合奉系军阀，向控制北京政权的皖系军阀发起大规模的直皖之战，战线西越京汉线，东至京奉线，主要集中于京畿地区，并旁及山东、河南等大片区域。京南各村，正处在火线之内，房屋化为灰烬，人民流离失所，无家可归；京城四周各乡镇，即使不在战线范围以内，也备受溃兵的蹂躏，居室尚在，牛羊杂物则一概化为乌有。山东的德县、陵县、平原、恩县、禹城等地，方圆数百里，兵车所至，鸡犬一空，村舍荡然，流离载道。河南西部 19县，在与皖军联盟的西北军和直奉各军的此往彼来的攻防过程中，民间被搜刮一空。加上两军对峙，全境土匪又乘势蜂起，大肆焚掠，各地人民"不死于荒，即死于匪；不死于匪，亦死于兵差矣"。天灾与战祸，双管齐下，北方人民雪上加霜。

直皖战争结束之后，新由直、奉军阀共同控制的北京政府开始作出怜恤民间的姿态，先后举办了急赈、工赈、平粜、粥厂等救灾事宜。至次年夏秋之际赈务结束后，北洋政府通过内外举债，东罗西掘，共支出赈款约1133万余元。这笔数字应该说是相当可观的了，但按照当时最保守的估计，而且不折不扣全部发放，也只能拯救1/10的灾民。何况这笔赈款绝大部分是到了第二年春天才陆续发往灾区的，而在此之前，北部中国早已在延绵的战火和持续的天灾双重打击之下呈现出一片流离四野、饿殍塞途的大荒之象了。而且就地方情形而论，虽然北京政府一再以"大总统"的名义发号施令，但在拥兵自重、割据称雄的各督军眼中，这些政令不过是一纸空文而已；就是各省地方政权内部，也因各派系之间的弄权斗法而动荡不安，因而对于救灾一事，不是一筹莫展，就是漠不关心，整个救荒机制实际上荡然无存。据北洋政府内务部的材料揭露，在山东省，平阴县办赈一次，即行中止，高唐县知事认为"无筹赈之必要"；在直隶省，邯郸、成安、邢台等县知事虽然开办赈务，但仍以平常处理政务的手段勉强应付，其借口是"不舞弊"。至于陕西当局，更是全神贯注地争权夺利，虽然设有省城赈抚局，也形同虚设。1921年9月4日《申报》载文揭露说，这些赈抚局大员，只知抽大烟，叉麻雀，吃花酒，当华洋义赈会前去查灾时，从县知事到道尹到督军，竟然异口同声地说陕西没有旱灾，后经社会各界力争，得到一批赈款，但这些赈款，起先发放到每个灾民手中的，只有12枚铜元，后来尽被恶绅劣官狼狈吞没了。而当时的直系首领，后来的"贿选"总统曹锟也侵吞赈款 300 余万元。当初一些人对取代腐败的皖系势力而上台的直系军阀还抱有些许期待的心情，但在事实面前很快烟消云散了。"跳出了热锅，跳进了火炉"，孙中山先生对时局的评论可谓一语破的。

百年不遇的海原大地震

历史总是惊人的相似。当 40 年前那场可怕的大旱灾之后紧接着发生的特大地震还没有从人们的记忆中完全抹去时，40 年后差不多在同一块土地、同样的旱荒持续过程中，一次更为惨烈的地震爆发了，这就是近代中国 110 年的历史进程中破坏性最强的大地震（以有数据可查的人口死亡数为准）——甘肃海原（现属宁夏）大地震。

据《中国地震目录》的统计，自夏代有文字可考的公元前 1831 年起至公元 1963 年，大于 4 又 3/4 级以上的破坏性地震有 3180 次。历史进入近代以后，除了个别年份外，在中国大地上几乎每年都有地震发生，截至 1920 年西北大地震之前，即有 206 次，其中 6 级以上的地震竟有 100 余次，其所造成的灾难是可想而知的。在这里 1879 年的甘肃武都大地震，无疑是破坏性最巨大的一次，但从地震发生的频度和周期的角度来说，那一次的大地震只是揭开了近代中国一个相当长的地震活跃期的序幕。

进入民国以后，地震更加频繁。从 1912 年到 1920 年，仅 6 级以上的大地震就有 52 起，平均每年 6.5 起。

1919 年和 1920 年（海原大地震之前）平均有 9 次之多。其中损失较大的有三次：一次是 1913 年 12 月 21 日发生的云南峨山地震，死 1314 人，伤 269 人；一次是 1917 年 7 月 31 日云南大关地震，震中纵横百里，死于地震的达 1800 余人；再一次就是 1918 年 2 月 13 日广东南澳地震。处于震中的南澳，屋宇几乎全部夷为平地，居民死伤 80%，尸体被压于断垣残壁之下，久久无人收葬。在半径约 400 公里范围内的广东、福建、江西三省部分地区，均遭到不同程度的破坏。影响所及，北至江苏的苏州、上海和安徽的安庆等地，南至香港，东达台湾及澎湖列岛，西迄广西桂江沿岸。到了 1920 年，此次地震活跃期终于达到了巅峰。

海原地震发生的确切时间是 12 月 16 日 20 时 5 分，震中位置在北纬 36°5′，东经 105°7′的甘肃海原，震级为 8.5 级，震中烈度为 12。地震前，有人看见空中闪现着匹练似的红光，更多的人则听到炸雷似的响声从地底下隆隆滚过，转瞬之间，地震即作，而且非常剧烈，持续时间或 10 分钟，或 20 分钟。震发时，东六盘山地区村镇埋没，地面有的隆起，有的凹陷，山崩地裂，黑水横流。特别是极震区的海原城，全城房屋荡平，全县死 73027 人，伤者十之八九，牲畜被压毙者 41638 头。海原东南的固原县，城区也全部被毁，所有建筑物一概坍塌，崩落的山石将河道壅塞，水流四溢，滨河一带也出现大量裂缝，全县死 3 万人，压毙牲畜 6 万余头。海原以南的静宁，也是地裂水涌，城关庐舍倾塌殆尽，有 20 多个乡村覆没无存，全县共压死 9000 余人，伤 7000 余人，压死牲畜 37986 头。会宁县除房屋大部倒塌外，也因山崩地裂整个村庄被埋没。数十里内人烟断绝，全县死亡 13942 人。通渭县城乡房屋倒塌无余，河流壅塞，平地裂缝，涌水喷沙，有全村覆没者，也有一村只有一二户幸存的，死者达 1 万余人，伤者 3 万余人。

除以上极震区外，还在东起庆阳、南至西和、西至兰州、北达灵武的现宁夏、甘肃、陕西三省的广大区域内，形成了一个重破坏区。其中，隆德城内建筑物概行崩毁，城外也有很多村窑覆没，有的地方山川移徙，峰谷互换，西北村镇东西山口竟合而为一，形成大圆冢，将 300 余户人家活活埋葬。居住在该县西面积滩地方的一位回教首领马元章，在地震发作时，率众祈祷，结果山石崩塌，全家 60 余口尽被压没，邻近的教徒也有五六百人遇难。总计全县死亡人口 2 万余，牲畜 5 万余头。天水地陷山裂，马跑泉镇地面变形，摇成一道河川，水能行舟。城内外共死 2400 余人。靖远县所有城垣公所学校损毁殆尽，山崩地裂，黑水涌流，南乡刘家寨有座山陷入地中，化为沙沟，而距离此山 5 里远，平地涌起古城一座，面积约 300 余亩，城墙内高 3 丈，外高 5 丈，四周炮台还完好无损。据调查，该县死伤 3 万多人，震毙牲畜 24 万头。其他如秦安、庆阳等 36 个县，受灾也极为凄惨。

在重破坏区的外围，还有一个范围更大的轻破坏区，包括今宁夏、甘肃、四川、陕西、山西、河南等省的 54 个县市。在这个区域内，也普遍发生房倒屋塌，压死人畜之事，有的县份受难人数也有达 500 人的，如扶风、宁朔，银川则死 700 余人，至于死数十人的县份就更多了。陕西同州有一处陷落街市一里多长，深达十数丈，街上无一人幸存。

受此次地震波及的地区就更广了，除上述数省外，今河北、天津、山东、湖北、安徽、江苏、上海等 106 个县市，都有震感，有的地方还造成轻微的破坏。当时居住在北京的鲁迅先生在 12 月 16 日的日记中也郑重其事地记下了这样的一笔："夜地震约一分时止。"

12 月 16 日强震以后，又持续了一段时间的余震。大部分地区自此至次年 3 月，地震不息，每日震动的次数和强度不等，或六七次，或二三次。有的余震还造成相当大的破坏，如 12 月 25 日的余震达 6 又 3/4 级，12 月 28 日的余震达 6 级，以致人心惶恐，"几如世界末日将至"。

如此强烈的大地震，对灾区人民来说确是一个毁灭性的打击，但究竟有多少人惨遭灭顶，各种材料的统计并不一致。一般通行的说法是 20 余万，有关权威性的中、外著作如《中国地震目录》、《饥荒的中国》等就是如此。而 1921 年 9 月 15 日杨钟健在《晨报》上发表的文章则说，根据他所见的各县的报告总计，死亡人数有 246000 多人。华北救灾协会刊发的《救灾周刊》第 18 期载有《甘肃被震各县灾情略表》，统计甘肃 62 县共震毙 266187 丁口，伤 76611 丁口，震毙牲畜总数为 1770340 头。甘肃震灾救济会在其刊行的《甘肃震灾救济会概览》的序言中则认为全毙人口 30

万以上。据其提供的《甘肃灾情调查表》中有关 30 个县的统计，死亡总数即在 22 万人。因此综合各种材料，通行的死亡 20 万人的说法似乎偏小，30 万人之说不为无据，若加上陕西等省的死亡人数，这一结论应更有说服力。无怪乎一位外国学者惊呼："中国差不多是一个打破一切法式的奇特地方，因为在甘肃底穷乡僻壤的农村地方受地震之灾，倒反最重。"

从此以后一直到 1949 年，中国的地震依然十分频繁，造成的破坏也很惨重，其中造成万人以上死亡的大地震就有两次，而这两次又都发生在本文所叙述的历史时期：一是 1925 年 3 月 16 日云南洱海 7 级地震，大理城崩屋塌并引发火灾，四围 10 余县遭到破坏，死亡万余人，灾民近 30 万，震后全省霜雪交加，冻饿而死的比比皆是；二是 1927 年 5 月 23 日发生于甘肃古浪的 8 级大地震，古浪、武威死亡 4 万余人，今甘肃、青海两省 20 余县遭到破坏。

六 水旱交乘的"黄金十年"

从 1927 年国民党蒋介石建立南京国民政府到 1937
年抗日战争爆发前的十年，是被国民党御用学者称之
为"黄金时代"的十年。因为在他们看来，国民政府
的建立，结束了四分五裂的北洋军阀统治，政治上实
现了国家的统一，经济上争取到关税自主，推行了币
制改革，加速了交通建设，甚至还搞了农村复兴运动，
结果把国民经济推向了近代中国历史上的最高峰。毋
庸讳言，这里的确有局部的真实。然而当我们把注意
力投向当时广阔的农村时，就不难发现这种种的"繁
荣"，究竟是建立在什么样的社会基础之上。20 世纪
30 年代初期，著名经济学者骆耕漠先生曾经写道：

> 你假如能够同时装两个听筒，一个接到永定
> 河上或者汉水流域，一个接到苏浙或者皖赣的田
> 野之间，那么你一定可以听到一种离奇的复合的
> 歌曲：一面是汹涌的洪流冲毁堤岸和农庄的滔滔
> 之声，而另外一面则火样的烈日逼得稻田龟裂作
> 响。当然，这不是赞扬美女情人的欢心曲；相反

地在这错杂的音调中，却有成千成万的农夫农妇，还有他们病老的父母和稚弱的儿女，凄惨地哀呼，绝叫，啼哭，饥饿，死亡……

这里所说的固然指的是 1934 年的灾况，实际上却显示了所谓"黄金十年"全国自然灾害的特点。大水，大旱，交迫并发，再加上雹、风、虫、疫诸种巨灾，标志着广大中国农村正经历着一场全面、深刻、持久、又难于自拔的社会经济危机。

西北华北大饥荒

1928 年 2 月，就在国民党二届四中全会正式确立以国民革命军总司令兼军事委员会主席（不久复任国民政府主席职）蒋介石为核心的国民党一党专政的政治体制之际，一场罕见的大灾荒却无情地漫卷而来。旱荒以陕西为中心，遍及甘肃、山西、绥远（今属内蒙古）、河北、察哈尔（今分属河北、山西）、热河（今分属河北、内蒙古、辽宁）、河南八省，并波及山东、苏北、皖北、湖北、湖南、四川、广西的一部或大部，形成了一个面积广袤的大荒区。旱情旷日持久，从 1928 年一直延续到 1930 年。一望无际的干裂土地，毫无生机的残破村镇，无以数计的逃荒人流，大约 1000 万倒毙在荒原上的饿莩，成为刚刚诞生的南京政权的一份沉甸甸的"献礼"。

对于陕西关中地带的庄稼人来说，1928 年的干旱来得特别早，延续的时间又特别长。从3月到8月，没有落过一滴雨水，夏收只有三分，野草也大都枯死。往年水盛时舟楫摆渡需要3个小时的渭河，也露出了河床。渭河两边的川地、坡地和塬地，到处张开了寸把宽的裂口。犁铧插进，遍地黄烟。播下去的种子在灼热的土地上烤成了灰末。关中40多县的人民陷入了一片慌乱之中。无法再耕作的农民一村村地聚结起来，敲锣鸣铳，祈神求雨。通向古庙、深潭的路上，到处是披着蓑衣，戴着柳条圈子的求雨人群。但是干旱的日子却是一个节气接着一个节气的没有尽头，在冬春之交进入了严重时期。第二年的谷雨时分，是夏麦秋作一年之计的关键，一场巨大的风沙、冰雹和黑霜，又袭击了东自朝邑，西至阳武的十几个县。此后的夏秋两季，依然是烈日当空，四野一片焦土。直到1929年与1930年之交，关中才一连下了六场大雪，开春之后又迭降大雨，旱情终于越过了极限而趋于缓和，但是灾民已经没有种子，没有牲畜，没有垦荒的力气和等待新谷的时间，致使有地不能耕，灾情愈演愈烈。相当于全省面积1/3的陕北23县，不仅无县不旱，还受到蝗灾和罕见的鼠灾的摧残。1930年，陕甘交界到处流窜着难以计数的"五色怪鼠"，斑斓之色，漫山遍野，大的如狸，小的像家鼠，猫狗见了惊避不及，人们更是无法下足，不到一天，农作物即无影无踪，再过一夜，"仓廪尽空"，以致赤野千里，家家空室。素有北国江南之称的汉中地区，当时被划作陕西省受灾次重之地，但到了1930年，也因连年亢旱，灾情骤然加剧，大部分地区，颗粒无收，一望荒凉。

严酷的旱灾使陕西省早在 1928 年冬天就进入了被当地人称为"年馑"的粮荒时期。华阴县每石麦子需洋 30 余元，比平时涨 5 倍；三原县一石小麦，从平日的七八元，涨到 27 元。灾民们被迫出卖一切可以换取口粮的家产。市集上的毛驴，7 元钱买 3 匹，只相当于 2 斗多的小米价。房屋也大都被拆毁，整根的房梁、椽木被锯成几段，当做燃料廉价出售。渭北一带的田地，有 20% 或出卖，或荒芜，每亩地售洋 1 元，武功田价则跌到每亩 5 角，只相当于两斤半小米的价格。

失去土地和房屋的小农家庭纷纷崩毁了。十六七岁的闺女，出嫁不取财宝，竟无人收容，男女儿童也被纷纷抛弃在道路上。帮会势力、人口贩子乘机活跃在荒原上，络绎不绝地将妇女儿童贩出潼关。令人惊奇的是，国民党地方当局竟和人口贩子们互相勾结，抽人头税。据陕西籍国民党元老、监察院院长于右任 1930 年 1 月 9 日在南京的一次报告中揭露，两年中由陕西卖出的饥民儿女，在山西风陵渡一带，可查的就有 40 余万，陕西省军政当局特设人市，每人收取 5 元税，共计渔利 200 多万元。

饥肠辘辘的灾民挣扎着寻找一切所谓的"代食品"。饥馑来临的第一个冬天，树叶、树皮、草根、棉籽之类，大都被吃光。次年开春，刚刚破土的野菜，萌生嫩芽的树叶，转眼就被饥民挖光剥尽。杨树、柳树、椿树、槐树和榆树，都只剩下了枯枝，裸露着白杆。饥民被逼将干草煮食，还有吞吃观音土的，以致中毒滞塞而死的到处可见。汉中留坝灾民因饥不择食地采挖野草，中毒而死的达 5000 余人。

当一切"代食品"吃尽时，"人相食"的恐怖景象就普遍地出现了。漠漠荒道上，往往有饿毙的刚刚倒地，就被人切割得支离破碎，血肉狼藉，目不忍睹。有的甚至刨墓掘尸煮食。不少饥民还由吃饿殍发展到骨肉相残。有一则通讯说，灾民们杀掉妻儿已是常事，当他们受到当局盘查时，这些被饥饿、疾病和精神上的深创巨痛折磨得麻木了的人们回答说："本人子女之肢体，若不自食，亦为他人所食。"

据统计，陕西原有人口 1300 万，在三年大荒中，沦为饿殍、死于疬疫的（1930 年关中、陕北和汉中北部约数十县流行瘟疫），高达 300 多万人，流离失所的 600 多万人，两者相加占全省人口的 70%。1930 年留下的灾民中，有乞丐 20 万，生病的 100 万。

至于甘肃、山西、察哈尔、河南、绥远以及其地区的受灾过程和细节，已无须再详细叙说了。只要读一读下面一些并不完整的数据，就足以感受到千百万灾民的惨痛：甘肃人口 600 万，死亡 250 万~300 万；山西灾区 86 县，灾民约 600 多万人；察哈尔 1928 年饥民 90 万，次年激增到 230 万，死亡率占饥民总数的 3/10；河南全省 118 个县，三年中受灾县份在 106 个到 112 个，灾民累计达 3550 万人，相当于全省人口；绥远全境旱荒，人口约 250 万，灾民 190 万，仅 1929 年一冬就死亡 15000 人，妇女被贩卖达 10 万人之多；河北全省 129 县，三年中受灾县份分别为 92、117 和 70

余个，仅冀南 19 个县，灾民即达 200 万人；湖北 1928 年受灾 49 个县，灾民 900 万；四川省受灾 100 多县，灾民 800 余万人。

面对如此惨烈的旱荒，从战争中建立起来的南京政府依然把它的经济体系绑在战车上，没有力量也不会认真地去救荒赈灾。为了进行"剿共"内战和排斥异己的军阀混战，每年都要支出巨额军费。经过整编之后，民国十八年度（1929 年 7 月至 1930 年 6 月）军费仍占财政支出的半数，每月大约 2300 万元。而 1928 年国民政府拨给北方 7 省灾区的赈款仅有 14.5 万元，陕西领到 4.5 万，500 万灾民人均 9 厘钱！1930 年 11 月，国民党三届四中全会决定发行救济陕灾公债 800 万，被当时人称为"党国救灾恤民之第一重要事件"，但结果财政部拖延不办，数月以后完全搁浅。但当局又害怕广大饥民揭竿而起，于是在 1930 年 12 月 19 日的国民党陕西省党部大会上，一致通过以下决议："一、请省府发起，择日举行哀悼，全省人士，一律佩青纱，为灾期中饿毙之 200 余万同胞致哀；二、向总理（即孙中山先生）灵前及天地神祇祈祷，为灾荒中被贩卖流落异地之妇孺祈福，使其各得其所，勿永沦为非人生活。"

当时，有一些国民党人也曾为灾民奔走呼吁，如于右任在 1929 年秋天回故土陕西勘灾办赈，又在南京的一些会议上痛哭流涕地为灾民请命，把筹到的一点款项，节节汇到三源等县。但是，少数人士的努力不可能挽回严酷的时局。特别是从 1929 年到 1930 年，

在北伐中暂时统一的国民党四支集团军——蒋介石的
第一集团军和冯玉祥、阎锡山、李宗仁这三大地方实
力派之间的矛盾骤然激化，使灾区人民又蒙受新的灾
难。继 1929 年 3 月、12 月两次蒋桂战争后，5 月、10
月又发生两次蒋冯战争，这正是旱荒最严重的时期。
冯军 20 多万，云集关中 30 余县与灾民争食。士兵们
挨庄按户搜粮食，拉牲口，征车辆，罗挖一空，以致
富者变穷，穷者不逃必死。1930 年 5 月到 10 月，又爆
发了蒋介石同冯、阎、李之间的新军阀大战。双方投
入兵力 100 万以上，所耗战费 2 亿元。中原地区是战
争的中心。河南、山东等战区，遍地烽火，满目疮痍。
豫东一带，战沟纵横，尸骨遍野，秋禾未收，房屋倒
塌，十室九空，满目凄凉。杞县大旱，灾民 15 万，这
时又沦为战争腹地，全县人口，死伤于炮火的约数千
人，县南陈庄满门死绝的 10 余家。侥幸免于战火的，
也成为全国兵差最重的地带。1929 年的河北，军事征
发为田赋的 4.32 倍；1930 年的豫东、豫中一带，竟为
田赋 40 多倍。军队所过的村镇，粮食搜刮无余，牲口
征索一空。有的农户只好忍痛把耕畜弄残，卖给屠坊
换粮。村民们为军队做饭、挑水、劈柴、缝洗，什么
农活也做不成。军队搜索"奸细"，总是搜到老百姓的
鸡笼和箱柜里。青壮年挖工事，扛弹药，抬伤兵，以
至被强拉入伍，充当炮灰。耕地挖作战壕，房屋改成
掩体。仅兰封（今属兰考）就有战壕 25 道，折合 411
里，大片田舍成为废墟。至于各种实物的勒索更是多
如牛毛。据一位研究者统计，军队征用的实物差不多

有一百多种，包括化妆品、海洛因和女人。仅洛阳等27个县的兵灾损失，竟达 26289 万元，相当于该省常年农业产值的 1.6 倍。

"风云突变，军阀重开战，洒向人间都是怨"——毛泽东的词，表达了中国人民对于新军阀穷兵黩武残民以逞的一腔悲愤。

 江淮洪波劫

　　1931 年，当北国旱荒刚刚越过顶峰，百业凋敝的时候，近代百年最严重的一次大洪水又迸发了。从 4 月到 8 月，长江及其主要支流如金沙江、沱江、岷江、涪江、乌江、汉水、洞庭湖水系、鄱阳湖水系、淮河、运河、钱塘、闽江、珠江以及黄河下游及其支流伊河、洛河，乃至东北的辽河、鸭绿江、松花江、嫩江等河流，纷纷泛滥，23 省 3/4 的县份洪涝成灾。超过英国全境，或相当于美国纽约、康涅狄格、新泽西三州面积总和的广袤地域，洪涛滚滚，大地陆沉。尤其是江淮流域出现了百年仅见的历时长、范围大、后果极其严重的洪水灾害，湖北、湖南、安徽、江苏、江西、浙江、河南、山东 8 省 642 个县有 380 余县被淹，受灾农田 16662 万亩，灾民达 5311 万口，42 万余人葬身浊流。而正当成百上千万的灾民在洪水围困中啼饥号寒、辗转流徙的时候，关外又传来了九一八事变的隆隆炮声，短短 4 个月，白山黑水，尽被日本帝国主义占领。也是从这一年起，于 1929 年爆发的世界资本主义经济危机开始冲击中国。中国社会陷入了内忧外患交织、天灾人祸相煎的困境。

"江南好,风景旧曾谙。日出江花红胜火,春来江水绿如蓝。能不忆江南?"唐代大诗人白居易的绝妙好词,道出了千百年来人们对风光旖旎、百业繁兴的大江流域的流连和向往之情。然而长江在创造了富庶的同时,也潜伏着忧患。综观长江流域的水文记录,可以发现近代的长江灾害性洪水,要远比中世纪严重。据《中国历史大洪水》一书的记载,从明万历十一年(1583年)到清道光二十年(1840年)的两个半世纪内,长江流域发生大水灾2次,而从1841年到1949年的一百多年间,竟发生大水灾9次,超过了同一时期黄河重大灾害性洪水的次数。近代长江水灾的日益剧烈,最主要的原因就是清中叶以来由于人口激增和土地兼并所造成的严重的生态失衡。

从清朝康熙末年到嘉庆末年,全国人口由8000万至9000万左右,猛然发展到四亿以上。剧烈增加的社会人口(主要是农业人口)同耕地不足、富豪兼并之间的尖锐矛盾,迫使大批破产小农从人口密集、耕地饱和的地区向原来地广人稀的地区迁移。早在18世纪,四川盆地和川陕楚交界地区,就布满了来自外省的"来人"和"棚户"。其间的大巴山区,历来是一个暴雨中心。大批流民进入老林深谷,刀耕火种,无土不耕,古老的植被年复一年地遭到严重的破坏,泥沙随雨而下,使汉江一石水一斗泥,如同浊河。长江干流上游和各条支流的灾难性泥沙,垫高了江底,并在中下游地区堆成了大片大片的沙滩。而这些地区的农户为了生存，又纷纷在各片沙滩上筑圩垦田，阻塞水路。早在19世纪三四十年代，湖北、安徽沿江一带，已是湖田成片，阻水长堤每每延绵数百里，以致江汉上游昔日借以泄水的20多个穴口都淤塞了。从那时起到20世纪30年代，由于政治败坏，水利失修，长江的"血管梗塞症"越来越严重。特别是清末到民国年间，沿江各省为弥补财政亏空，纷纷设立沙田局，不管水道是否通达，专以出卖沙州为能事。洞庭、鄱阳这两个蓄泄江水的大湖，被私人、公司和官方大量侵占屯垦。长江干道也变得越来越浅，以至丧失了抗旱排涝的基本功能。一般来说，近代这个地区30日无雨就发生旱灾，40日以上无雨，赤地千里，禾苗枯槁，而一旦大雨连绵，则江湖漫溢，圩破堤决。

1931年的天气殊属异常。江淮流域许多地区连续暴雨，分布范围大，时间长，持续达一两个月之久。雨量也特大，长江中下游大部分地区7月份的雨量比同期正常年景多一两倍，局部地区可以高出三四倍。而且降水时间相当集中。本来长江流域的降雨季节是江南先于江北，下游先于上游，各支流的洪水相互错开，顺序泻入干流，不致造成大的洪水灾害。这一年湘赣流域4月份即进入汛期，比常年提早半个多月，江湖前期水位较高。此后雨期又集中到7月份，并由常年的中旬延续到了下旬，川江洪水和中下游洪水相遇，干流容纳不了从各支流滚滚而来的大水，沿江水位长时间居高不下，于是横流四溢，演成巨灾。长江干流，从湖北石首到江苏南通，沿江堤防溃决漫溢354处，武汉、九江、芜湖、安庆、南京、镇江、无锡、扬州等地，相继被淹，尤其武汉三镇，被灾尤烈。

武汉三镇，地处江、汉汇流之处。全镇的安危，尽都托赖于汉口背后的张公堤和长江沿岸的刘家庙护江堤。这年7月，江水在连绵的暴雨中陡涨。28日，洪水从江汉关一带溢出，注入滨江附近的街道。31日，刘家庙北一站谌家矶沿江铁道连溃数口；8月1日，单洞门溃决，大水咆哮着冲向市区，汉口全市除地势较高的少数地方和防守得力的日本租界外，都被淹没了。这时江水仍在上涨，14日到17日，川水、襄水交汇而来，自城陵矶到汉口一片汪洋，只有少数山头孤零零地露出水面。15日，日本租界也没于水中。19日江汉关水位达到53.7英尺（一说53.65英尺），比清同治九年七月初八日（1870年8月4日）汉口最高水位还要高出3英尺有余，开江汉关建关以来水标的最高纪录，汉口市背后，成了浩瀚的大湖，市内水深数尺到丈余，最深处达1.5丈。此前，武昌、汉阳的一些地区也纷纷沦入波涛。

这场大水直到9月6日、7日才逐渐退却。大批民房被水浸塌，到处是一片片的瓦砾场。电线中断，店厂歇业，百物腾贵。2200多只船艇在通衢大道上往来行驰，从高空俯视，"大船若蛙，半浮水面，小船如蚁，漂流四围"。大部分难民露宿在高地和铁路两旁，或困居在高楼屋顶。白天像火炉似的闷热，积水里漂浮的人畜尸体、污秽垃圾发出阵阵恶臭。入夜全市一片黑暗，蚊蜢鼠蚁，翔集攀缘，与人争地。瘟疫迅速地四处蔓延。据当局调查，三镇被淹共16.3万余户，受害人口78万余人，有44万人生计无着，2500人溺死，因瘟疫、饥饿、中暑而死亡的每日约有上千人。直到12月份，滞留在武汉的难民仍有17.5万多人，因气候严寒，每日冻毙的达百余人。他们还遭到官方的百般刁难，有好几百个难民被当成政治犯而处死。他们唯一可去的地方，就是到街头上四处飘扬的招兵旗子下去登记当兵，充当内战的炮灰。

至于湖北、湖南、皖南和苏南等长江干支流沿岸的广大农村，更是洪水袭击的重灾区。湖北监利新堤溃决，全县覆没，逃亡者30万。湖南汉寿，全县330余垸全部冲毁，50余乡村不见踪迹，一些人烟稠密的集镇屋倒堤塌，人畜漂流，只有几株老树在波涛里挣扎，山坳里、石岩边，堆积着一层又一层的败墙残壁、人畜浮尸。安徽无为，全县大小940多个圩围也都淹没了，膨胀腐烂的尸骸漂流堆积，惨不忍睹。流传在灾区的一首歌谣是这样吟唱千百万饥民的困苦生活的："灾民何叠叠，牵衣把袂儿女啼，儿啼数日未吃饭，女啼身上无完衣，爹娘唤儿慎勿哭，此是避灾非住屋……天气渐寒雨雪多，但愁露宿多风波，万千广厦望已失，止求一席免潮湿。"

位于长江、黄河两大流域之间的淮河两岸，历史上也曾有过富饶繁荣的岁月。但自金元以后六七百年来，黄河泛滥乱流，汇淮入海，大量的泥沙堵塞了从淮北到鲁西南的许多河道，把淮河中下游的洼地，变成了大大小小的湖泊。明洪武初年，淮河流域的灾害就非常严重。"说凤阳，道凤阳，凤阳本是个好地方。自从出了朱皇帝，十年倒有九年荒"。这首流传很广的花鼓词，也许就是反映了那个时代的人们对古凤阳的眷念和对黄河夺淮、民生维艰的哀怨。1855 年，黄河自铜瓦厢改道北流，淮河终于摆脱了黄河长达六个半世纪的干扰，但已经流沙层积，地貌变异，水系紊乱，河床改观；淮水干流的入海口淤塞日久，入江通道又排水不畅。因此淮河流域变成了著名的"大雨大灾，小雨小灾，无雨旱灾"的贫瘠地区。近代史上，淮河发生过三次全流域性的大洪水：1866 年、1921 年和1931 年，而以 1931 年的灾害最为严重。

当时，淮河的河堤低下矮小，残破不全。自 6 月下旬到 7 月中旬，淮河上游的洪水从河南冲入皖北，把信阳至五河之间的 64 处河堤冲破，决口长度累计17.2 公里，信阳、息县以下沿淮一线水深达数米以上，淮北平原一片汪洋，洪泽湖以上淹没面积达 3.2 万平方公里。河南邓县、南阳、新野三县，溺毙 32900 人。安徽凤阳 84 万亩夏禾付诸东流，52 万人口中灾民 31万，塌屋 15600 间。滚滚洪流泻入洪泽、高邮、邵伯诸湖，经由里运河奔向长江。适值长江秋潮汹涌，排拒运河的洪流注入，里运河洪水居高不下。8 月 25 日，洪泽、高邮、邵伯三湖遭受强烈飓风，一丈多高的浪头把邵伯东堤冲开了 33 个大决口，大水冲向邵伯镇街，淹死了好几千人。26 日凌晨，高邮河堤轰然崩决，大水奔腾而下，城乡全境没于洪流。由于祸起仓促，临堤乡村的许多居民没有来得及起床就被洪水卷走了，更多的人在滚滚而来的波涛追逐下奔跑逃生，慌不择路，死于大水的达 9500 人。邵伯、高邮溃堤后，里运河以东地区全部陆沉，受灾面积约 2 万平方公里。兴化、东台、泰县、盐城、阜宁、宝应等县，水深丈余，浅的也在七八尺。兴化地势最低，四乡数百里内村舍全部沉灭，城内水深齐腰，水面上男女浮尸，"多如过江之鲫"，直至年底，乡间仍是一片白地，寸草不生。据统计，1931 年淮河流域受灾人口达 2000 余万，死亡约 22 万余人，淹没农田 7700 余万亩，经济损失约 7 亿多元。

如同对待北国旱荒一样，南京国民政府依然是忙于内战而漠视民生。不妨看一看其最高首脑蒋介石在这个大灾之年的活动日程表：

1930 年中原大战结束之后，蒋介石即集中兵力，向工农红军和革命根据地发动军事"围剿"。1931 年 2 月到 5 月，蒋介石派军政部长何应钦率兵 20 万进攻中央革命根据地，即第二次"围剿"。在此期间，珠江流域的东江、北江，长江流域的湘江、赣江以及钱塘江流域，都出现了大雨和灾情。江西省赣江大堤 5 月份溃决多处，暴涨的鄱阳湖水也四处泛滥。但这些大灾的前奏，丝毫没有引起蒋介石的注意。6 月下旬，正当长江中下游和淮河流域大雨滂沱之时，身兼导淮委员会委员长的蒋介石，于 21 日亲临南昌主持对中央红军根据地的第三次"围剿"。他往返于南昌、南丰、广昌等地督战，历时一个半月，江淮流域正是在此期间遭受了大面积水灾。8 月 17 日，也就是汉口市最后被大水淹没时，蒋从南昌飞上海，为宋氏母丧执绋。22日，他在南京官邸接到何应钦从南昌发来的"促请赴赣督剿"的急电，当天又匆匆乘舰再赴南昌。他坐着这艘战舰，"由苏而皖，自赣而鄂，上下千里"地转了一圈，算是对灾区的"视察"。28日，蒋赶到汉口。9月1日发表了一篇《呼吁弭乱救灾》的电文，悍然宣布"中正惟有一素志，全力剿赤，不计其他"，同时又对在广州召集"非常会议"的国民党反蒋派别进行恫吓，制造要"筹划对粤军事"的舆论；而对于大水灾，则声称此属"天然灾祲，非人力所能捍御"，将自己防灾抗灾的责任，推得一干二净。如此呼吁救灾，不如说是对救灾的讽刺。

蒋介石如此，其下属的表现就可想而知了。这年9月份，南京国民政府终于拨给安徽30万元的急赈费，但省政府主席陈调元（此人因密令各县种鸦片收取大烟税而臭名昭著）扣住不发。各县荒政，黑幕重重。11月有人在《皖灾周刊》上悲愤地写道："政府始终麻木不仁，漠视民命，对于这次救灾工作，一点也不紧张，一毫也不注意。"真要坐等政府许诺的赈粮，灾民们"已经都变成饿殍了"！如果说正是蒋介石政权"不计其他"的内战决策和自上而下的腐败无能，进一步招致了千百万人民的灭顶之祸，恐怕也不为过吧！

 ## 3　丰收成灾及其他

从1928年到1931年这四年灾荒期间，正在漫游中国的美国友人斯诺深深地感受到，在天灾人祸的连续打击之下，中国"农村人口中间普遍存在的贫穷和困苦的情况日益恶化"。针对长江大水灾，他还这样指出："长江的瘫痪就是中国的瘫痪，因为伟大的'金沙江'是诗人所称的中华之邦的命脉。重灾之后的恢复不是几天的事，也许不是几个月或几年的事。"的确，遍布全国的水旱灾害，特别是发生在中国农业最发达地区的大水灾，给中国农业经济和农民生活所带来的打击和影响是至为惨重和深远的，而其最突出的标志就是大水之后的一幕怪剧——"丰收成灾"。

1932年，中国农村在熬过长达四年的水旱交迫期之后，终于等到了南京政府建立后的第一个"小康"之年。各地大都雨水润调，收成也相当丰稔。江苏省的昆山、吴县、宜兴、高邮、江都等10余县，都超过了通常收获量的5%～20%以上。浙江、安徽、江西、湖北、湖南的情形也大致相同。西北地区的绥远，上年全省就有八成的收获，这年收成更好。一般农民无不喜形于色，额手称庆。然而等到新谷登场上市，粮食价格却一天跌落一天，无锡米价从春夏之交的每石十三四元跌到十元以至八九元以下。浙西各县的糙米价格下跌了2元有余，浙东一带每石谷仅值1.9元。绥远河套一带粮价之贱，实在惊人，300斤谷子仅值1元钱，结果田里的庄稼有许多竟"没有人去收获，恐怕收起了反而赔累"，农民们无不拥粮坐叹，叫苦不迭。

这种"谷贱如泥"、"谷贱伤农"的丰收悲剧，绝不是"生产过剩"、"供过于求"等一般抽象的价格理论所能解释的。造成这种悲剧的真正根源，实际上在于水旱灾害以及随之而加剧的外国资本主义经济侵略和国内封建势力的双重剥削所造成的农业生产的严重衰败和农民生活的绝对贫困。从某种意义上来说，这正是前此水旱灾害的逻辑性延续。

据当年金陵大学农业经济系对江淮灾区所做的经济调查，1931年灾区农民的各项损失，包括被淹作物、房屋、役畜、农具、存谷、燃料、家具、家畜、秣草等9种，总数达20亿元，每户平均损失457元。当时普通农家，年收入平均不过300元，即各户损失相当于年收入的1.5倍。其中，水稻损失约90亿斤，高粱小米损失约10亿斤。而委托调查的国民政府救济水灾委员会是根本不可能予以弥补的，截至这年11月，灾民每家平均得到的赈款，不过大洋6角，仅占各户平均损失的0.13%；而这一年国民政府所能提供的赈粮，也只相当于粮食损失的9%。这年冬天有2/3的灾区断了粮食来源。

不仅如此。这些灾民还被剥夺了维持简单再生产的条件，从而失去了继续生存的能力。平时被一般农户当做半份家当的耕畜，不是被洪水卷走，就是被饥寒交迫的灾民贱价出售或宰杀。在金陵大学调查的灾区，平均每家损失耕畜一头。在1931年11月寒冬之前，131个受灾县份缺少耕畜高达200万头。种子也一样匮乏。1932年春天，上述131县需要种子340万担，平均每一农户为2.7担，但赤贫如洗的灾民无钱也无处购买，大约有1/3的灾区没有种子来源。更为严重的是，不堪灾荒重压的灾民，为苟延生命，还纷纷把平日视为命根子而世代株守的一点点土地廉价拍卖了。据时人调查，陕西中部旱荒之后，有 7/10 的田产转移到军人手中，其余的 3/10 则为官僚、商人购置而去。1931 年大水之后，这种土地转移的浪潮又由北方地区扩展到南方。11 月初，江淮流域 5 省 81 县，地价下跌了 37%。大批廉价的土地转移到了地主官僚、军人或商人的手中。土地的丧失即意味着农民的破产和失业，意味着大批的自耕农（甚至包括一些中小地主）沦为佃农雇农而在大地主的压榨下过着更加痛苦凄惨的生活。

一部分灾民被迫离乡而去，漫无目的漂流四方。金陵大学的调查表明，江淮灾区的离村人口几占总人口的 40%，其中举家迁离的占 31%，单身出走的占 9%。这些离村人口中只有 1/3 找到了工作，有 1/5 沿街乞讨，其他的人则下落不明。而不愿离开故土的灾民也大都只能依赖借贷或者租地来维持生存和生产。他们以高额地租租种土地，他们借高利贷购买种子、租用耕牛，或者用预押、预卖的方式将田里的青苗换成生产费用，还在地主的家里或店铺留下一笔又一笔购买日常必需品的赊账或聊以果腹的赊粮。于是向来活跃的农村高利贷活动，便借着粮贵地贱物乏之机，更加凶猛地在广大灾区迅速泛滥开来，高利贷的利率也飞涨了起来，并达到无以复加的程度。在陕西，灾荒时借出 8 元，或 4 个月内，或 1 月又 20 天内，甚至 1 个月内，本利就可相等；在江淮地区，灾后高利贷利率平均增长了33%，高达61%。因此当新谷登场的时候，为了偿还种子、牛租、肥料等各种旧欠，为了赎回押在当铺里的土布和冬衣，为了交纳催如火急的地租或田赋，他们只能急匆匆地将新粮挑到市场上去抛售，哪怕粮价因此而下跌，哪怕随之而卖出的粮食换来的现金根本不足以补偿他们所负担的一切债务和税捐，他们也只能忍痛而割爱了。"放下禾镰没饭吃"，农民的生活被纳入了一条永无休止的恶性循环的轨道上。

在这里，洋米洋麦的倾销无疑也是促成、加重中国粮食市场此次丰收成灾的祸首之一。上面已经说过，1929年爆发的世界资本主义经济危机是从1931年开始波及中国的。而1931年大水后的粮荒与饥馑，恰好为西方资本主义国家转移经济危机而倾销"过剩商品"拓宽了通道。当时国民政府与美国当局以"救灾"为名，签订"救灾美麦借款"，向美国购买了45万吨的赈灾美麦，此后大量廉价的洋米也随之源源而来。1932年的洋米进口量，从1931年的1282万担激增到2684万担，达到抗战前稻米进口的最高纪录。洋米、洋面垄断了上海、武汉、北平、天津等大城市以及江苏、安徽、浙江各地的粮食市场，堵塞了中国粮食的销售通道，原本动荡不定的国内农产品价格因之直线下跌，农民们只有叫苦不已。连国民党御用的农会组织也惊呼："外国过剩之恐慌，移来我国，则今年（指1932年）粮食安得不贱，农民安得不破产！"

不过，"丰收成灾"并不是这一年中国人民苦难的全部。因为从全国范围来看，还有不少地方仍在遭受着水旱重灾，如东北松花江流域，6月至8月，淫雨加暴雨，使干流出现特大洪水，哈尔滨被淹1个月，38万居民中有23.8万人受灾，2万余人死亡，吉林、黑龙江两省将近80%的耕地沦为泽国；如河南114县、陕西近百县多灾并发，死亡81万余人。而且由于连续数年的水、旱大祲，又引发了一场全国性以霍乱为主的大瘟疫，21个省区轻重不同地遭到袭击，数十万人丧生。如果将视野再向后延伸，不难看出，旧中国农村像1932年这样比较和顺的气候还是不多见的，而由于生态恶化和政治腐败所造成的水旱连年才是历史的必然。

1933年8月，黄河中下游发生了20世纪以来最大的一次河患，陕、晋、豫、冀等省连决数十口，洪流一日夜狂卷一百四五十里，灾区遍及华北6省60余县，据不完全统计，受灾面积8600平方公里，毁屋169万间，灾民364万人。四川茂县也发生近代史上罕见的因地震造成的特大洪水灾害，乱石飞崩，尘雾障天，洪水奔腾下泻数百里，总计漂没男女老幼2万余人，冲没农田5万余亩。

1934年夏，主要农产区苏、皖、浙、赣、湘、鄂及北方的冀、豫、鲁、陕、晋等十数省干旱，而且除江、浙外，其余各省又兼受水灾。旱灾酷烈，涝区广袤，加以8省发生蝗害，12省遭遇霜雹，全国2/3的地区陷入国民政府建立以来的第三次大荒之年。

1935年，全国水旱灾害进一步加深。豫、冀、陕、晋、鲁、绥远、察哈尔、苏北、皖北及湖北、四川、浙江部分地区，自春至夏，亢旱异常。入夏后，上述大部省区又洪水泛滥，广东、福建、宁夏、贵州等省同遭水患。其中，长江中游再次发生大洪水，自宜都至城陵矶的干流河段及汉江水位超过 1931 年，荆江大堤溃决，长江中下游平原受灾 2264 万亩，毁屋 40.6 万间，灾民 1100 万，死亡 14.2 万人。黄河也于山东鄄城至临濮集决口，口门刷宽约 2000 余公尺，鲁西 13 县、苏北 10 余县尽遭淹没，灾民至少 340 万人。

一言以蔽之，水旱灾笼罩了全中国。

七　黄泛区的挽歌

　　"河南四荒，水、旱、蝗、汤"（汤是指汤恩伯），这是抗日战争期间流传于河南人民中间的一句口头禅。它不仅形象地反映了河南人民交相承受天灾与人祸的双重煎熬及两者之间的内在关联，差不多也可以用来概括八年抗战期间整个中国自然灾害的面貌、特点与规律。从当时灾害发生的种类来说，危害最严重的莫过于水、旱、蝗三灾了。从灾害发生的原因来说，以"汤"为代表的人祸即人为的因素要比自然因素更加突出，更加明显。就纯自然的致灾条件而论，此一时期固然不能说风调雨顺，但总的来说，气候的恶劣程度相对而言比从前要轻得多，至少也不会更加严重。根据《中国历史大洪水》一书的记载，这一时期除了海河流域、淮河支流沙颍河地区分别于1939年、1943年出现百年不遇的大洪水外，长江流域、黄河流域、珠江流域、松花江流域都没有出现特别异常的雨情汛情。然而无论是水灾、旱灾，还是与之伴随而生的蝗害，它们造成的后果并不亚于此前任何一个历史时期。其中的缘由，首先就在于日本帝国主义发动的全面侵华战争摧毁了中国原本十分落后的防灾救灾体系，其次就是国民政府消极的抗战路线、日趋腐败的政治统治和日渐沉重的经济勒索，又间接直接地加剧了灾害发生的频率，导致灾荒的扩大。在这里，1938 年黄河花园口决口及其形成的长达九年的黄泛灾害无疑是最典型的例证，也是这一时期中国人民在天、人交迫之下苦难深重的一个缩影。

 ## 扒决花园口

1938 年 5 月中旬，日军大本营在徐州会战取胜以后，立即命令日华北方面军利用中国军队从徐州向西南溃败之机，兵分数路，长驱直进，意在占领兰（考）、封（丘），切断陇海路，消灭陇海路东段中国军队的主力，进而占领郑州，沿平汉路南下，与江西之敌相呼应，会攻武汉，最终逼蒋求和。

为抵抗日军，保卫郑州，国民政府军事委员会先后调集了宋希濂、桂永清、俞济时、李汉魂、胡宗南等部约 30 个师、数倍于敌人的优势兵力，对来犯日军发动反攻，企图依靠战术上的主动，将其一举歼灭在兰、封附近。蒋介石还亲临郑州督战。但在日军凶猛的攻势面前，国民党几十万大军丢城失地，溃不成军，成为战史上"一千古笑柄"（蒋介石语）。日军得以先后攻陷豫东十余县，直迫郑州，平汉路受到严重威胁。

当此紧急关头，国民党第一战区一方面以"避免与西犯之敌决战，并保持尔后机动力之目的"为由，全军向平汉路以西地区迅速撤退；一方面又决定扒开郑州黄河大堤，企图以泛滥的洪水阻敌西进，从而迟滞日军会攻武汉的进程。蒋介石很快批准了这一所谓"以水代兵"的秘密方案。

据有关记载，此次决堤工程是由蒋介石指定的第十二集团军总司令商震负责督工实施的。6月4日，该部第五十三军一个团奉令在中牟县赵口决堤，并限于夜12时放水，但直至次日上午尚未完成。蒋介石当即在电话中命令商震"严厉督促进行"，商震续派工兵营营长蒋桂楷携带大量黄色炸药与地雷，准备炸破河堤，又派第三十九军的一个团予以协助。当夜，工兵营炸开了堤内斜面石基，但时值枯水季节，黄河水量不大，决口两岸斜面又因过于陡峻，相继倒塌，致使水道阻塞不通。商震于是又令第三十九军刘和鼎部在第一道决口以东30米处另派一团士兵开第二道决口，同时采纳当时担任黄河铁桥守备的新八师师长蒋在珍的建议，在郑县花园口另作第三道决口，令第一〇九师（原东北军万福麟部）负责，并由第三十九军统一指挥。刘和鼎随即派员勘察地形并着手施工。但赵口一带土质多沙，挖出的坑道，不是被大风刮起的沙土填平，就是被河水冲塌的堤土堵塞断流，虽然一再返工，仍不能依限完成。而这时日军已逼近中牟县白沙镇，蒋介石非常焦灼，每天三四次询问决口情况。他还用电话指责刘和鼎说："这次决口有关国家民族的命运，没有小的牺牲，哪有大的成就，在紧要关头，切戒妇人之仁，必须打破一切顾虑，坚决干去，克竟全功。"不过，此前已由新八师两个团和一个工兵连代替第一〇九师万福麟部担任的花园口决堤任务，进展较快。先是在掘堤之前，蒋在珍谎称日军即将到来，把花园口一带的群众赶到 10 里以外，封锁消息；又密布岗哨，选出身强力壮的 800 多名士兵，分 5 个小队，轮流掘堤，夜间则用汽车上的电灯照明，通宵工作。他们吸取赵口塌方的教训，将决口加宽至 50 米，斜面徐缓。至 9 日晨 6 时，用炸药炸毁了堤内斜面石基，9 时放水，起初水势不大，约一小时后，决口被水刷宽到 10 余公尺，水势愈益猛烈。但当局还唯恐决口太小，又急电薛岳，调来两门平射炮和一排炮兵，向已挖薄的堤岸一连发射六七十发炮弹，将决口又炸宽了 2 丈，水势更加迅猛，犹如万马奔腾。加上当时大雨如注，决口愈冲愈大，至 7 月 30 日竟宽达 323 公尺。这时赵口决口也被河水冲刷开来，汹涌的黄水从三刘寨直向南流，在中牟同花园口水流相汇合，沿贾鲁河、颍河、涡河之间的低洼地势向东南奔腾急泻，横冲直撞，水面宽度也由最初的几里、十几里迅速扩展到一百多里，泻入正阳关至怀远一带的淮河干流，进而横溢两岸各地，并经洪泽、宝应、高邮诸湖，由长江入海，形成 20 世纪以来最重大的一次黄患。

花园口黄河决堤，一度将日军约两个师团的主力困于洪水之中，迫使日军中止了向郑州的推进。但是从战略意义来说，这种军事上的成效毕竟只是暂时的、次要的，更是得不偿失的。滚滚浊流虽然使日军在黄淮平原上无法行动，但并未能阻止日军对武汉的会攻。

日军很快改变了进攻方向，将其主力南调，并配以海军，溯江而上，6 月 12 日攻陷安庆，30 日进占马当，后又连陷湖口、九江，8 月初即全面展开了对武汉的大规模围攻。在纵横数千里的战场上，国民党百万大军节节抵抗，终以不支而于 10 月 25 日弃城而逃。蒋介石政权"以水代兵"、保卫武汉的荒唐决策至此彻底破灭了。

实际上，就在 6 月 9 日花园口大堤炸决之时，国民党政府即命令在汉口的各机关转移到重庆及昆明等地。同时由蒋介石发表声明，对抗战以来所谓"以空间换时间"的最高军事战略作一阶段性的总结，声称"已往作战的经过，更足证明在阵地战上我军力量之坚强"，"现在战局关键，不在一城一地之能否据守"，而在于"避开敌人的企图，同时逼迫敌人入于我方自动选择之决战地域，予以打击。长期抗战，此为最大要策"。蒋介石的声明，无异于向国人发出了弃守武汉的宣言书。如果把它和恰在这一天从花园口穿堤而出的洪水联系起来，人们不难看出，蒋介石之所以迫不及待地要炸堤决河，造成大面积的黄泛区域，与其说是保卫武汉，不如说是为其退守西南争取时间更为恰当。

应该说，蒋介石和国民政府对于扒决黄河大堤将要产生的严重后果是非常清楚的。早在掘堤之前，国民党中央通讯社就曾连续发表日军飞机轰炸河堤的电讯。掘堤完成后，蒋介石又于 6 月 11 日密电第一战区司令长官，"须向民众宣传敌机炸毁黄河堤"，以欺骗社会舆论。6 月 30 日国民党军委会政治部长陈诚在汉口举行的记者招待会上重复了这一谰言。同一天，蒋介石在接见《伦敦每日快讯》记者时也发表谈话，一面曲意掩盖事实，一面不无得意地宣称："豫省水灾……日人亦承认其作战计划，受水灾影响，日军在水灾区所受之损失必大，中国方面不甚受水灾影响。"蒋介石心目中的"中国方面"，自然是指他统率的军队，而不是被大水吞没的民众。为了对付外国记者的采访，国民政府特令新八师在花园口附近伪造了一个轰炸现场，还煞有介事地调集大批士兵、民工"抢堵决口"，试图混淆视听。但尽管国民政府百般掩饰，当时一些中外记者还是窥破了决口的真相。法国《共和报》的一则评论不无讥讽地指出，"中国已准备放出两条大龙，即黄河与长江，以制日军的死命，纵使以中国人十人之命，换取日本人一个性命，亦未始非计。"

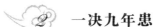

一决九年患

"蒋介石扒开花园口，一担两筐往外走，人吃人，狗吃狗，老鼠饿得啃砖头"。灾区人民以一种不失为幽默的语言勾勒出花园口决口所带来的那一场惨绝人寰的浩劫。由于这次决口纯粹是人为引起的，决口时又并非黄河汛期，加上战云四起，兵荒马乱，故而决口对于受灾民众来说，犹如祸从天降，措手不及，只能任由浊流漫卷，洪涛肆虐，随之受到的打击，也就比往常的决口泛滥来得更加沉重，也更加惨烈。

河南省首当其冲。由于豫东平面地势平坦，河床狭浅，黄水自溃口穿出后即以万马奔腾之势，向东南直泻而下，6 月 13 日横贯中牟，14 日至尉氏，15 日入扶沟，16 日入西华，20 日至淮阳、周口，豫东 15 县共 25909 平方里的土地，顿时淹浸在滚滚洪流之中，约 120 万人成为难民。大溜所至之处，汹涌澎湃，声如雷动。洪水过后，那一望无际的浪涛中，只能见到稀疏寥落的树梢在水面荡漾着，起伏的波浪卷流着木料、用具和大小尸体。装有孩子的摇篮随着河水漂浮，还可以断续听到啼哭声。不知有多少人葬身于洪水，有的全村、全族、全乡男女老幼甚至无一幸免于难。中牟县 2/3 被淹，鄢陵县至 8 月中旬水落时，淤沙稀泥竟有一人深，往日的大街成了渡船的路沟。扶沟受灾面积达 8/10，全县 2/3 人口、24 万人无衣无食。大部分难民成群结队，四出逃荒。据调查，在许昌到鄢陵的路上，"每个村庄的旁边，每个大树荫下，都可以看到这流浪之群，展晒着被黄水浸透的被窝，在一旁陈列着小车、挑筐、柴捆，破破烂烂的东西"，每当有人上前问个究竟，"一句话还没有问到底，就引起周围一群人的眼红。凄怆的声中回答着：'一切都淹完了！'"

黄水出豫后，迅即顺势而下，汇注入淮，黄淮两水相聚暴涨，致使上下游淮堤溃决，蚌埠、霍邱、阜阳、凤台等皖北 18 个县、345 万亩农田被淹，受灾民众达 300 万人。阜阳县受灾最重，全县 102 个乡镇，有 80 个乡镇埋于黄涛之中，最深的 6 米以上，淹没土地 267 万余亩，房屋约 17 万间，淹死人口 3000 名，有

57万人无家可归。

至于苏北，当泛水高涨之时，洪泽、高邮及宝应等湖一时宣泄不及，水位骤升，滨湖地区圩堤溃决，房屋小树，低者没顶，高者半浸，受灾区域广达10万平方里，数百万灾民嗷嗷待救。

由于受当时的政治背景和军事环境的影响，黄河决口直至1947年3月15日才堵筑合龙。其间赵口决口因南泛水量不大，逐渐淤浅，1939年冬又被日军完全堵塞断流；花园口口门则被炸拓宽，到1941年已达1145公尺，以后逐年冲刷扩大，至1946年春竟增至1460公尺。黄河之水径由花园口一口溃出，在淮北平原上形成一个面积广袤的泛区，也就是著名的"黄泛区"。整个泛区包括豫、皖、苏3省共44个县市，其中河南20个县，安徽18个县市，江苏6个县市。从1938年6月到1947年3月约近9年的时间里，狂放不羁的洪涛巨流就在这一大片广阔的土地上滚动着、咆哮着、肆意地吞噬着，无岁不灾，无灾不重。据统计，仅河南一省的官堤民埝，大小决口就有32次、91处之多。豫皖苏平原的广大民众经历了一段漫无休止、万劫不复的苦难历程。

1939年夏秋之交，河南省淫雨连绵，黄水暴涨，贾、沙、颖、京、双各河会流泛滥，郑县、扶沟等40余县田园淹没，庐舍荡然，受灾民众达数百万之多。

1940年仲春时节，黄河桃汛，泛区麦收绝望，往往数十里内村无烟火，野绝行人，不闻鸡犬之声。至7、8月之交，又因各地连降大雨，黄水再次暴涨，沿河各县纷纷决口，淹浸开封、太康等41县市，淹没土地467万亩，冲毁房屋38万间，淹毙人口9000名，灾民154万人。

1941年凌汛期间，黄河又决于太康县的王子李村，6月间再决于该县逊母口，自尉氏以下横宽百里左右，汪洋一片，居民十之八九外逃，残留的老弱妇孺，栖息在断垣废墟之上，以草种水藻果腹。

1942年8、9月间，河南鄢陵、扶沟、陈州等十余县，黄泛成灾，从郑州到蚌埠间宽百余里、长达千余里的土地上，田禾冲没，庐舍为墟。

1943年夏间，皖北太和、天长等10多县黄水泛滥，至少有283个乡镇、752万亩土地被淹，185万人受灾，6000人丧生。

1944年6月，淮河流域各县洪水泛滥，阜阳、颍上、太和等县受灾面积约千万亩，灾民近百万。

1946年夏季，皖北20余县大雨滂沱，黄流浸灌，约计400多万亩农田受淹，16万余间房屋被毁，500多万人遭到洪水袭击。

翻一翻近代中国洪灾编年史，还很难找到如此大面积、长时间的毁灭性浩劫。据抗战胜利后著名学者韩启桐等人的估计，在9年黄泛时期内，泛区44个县共有1993万亩的农田被淹，占泛区耕地总面积的35%。大量的村落被巨流无情地吞没了。仅豫东17县，被毁村落就有6141个，占原有村落的45%，其中淹毁比例占50%以上的就有8个县，扶沟竟高达91%。出外逃荒的为数很大，总计共有391万人，占人口总

数的 1/5，有的县区高达 78%。人口死亡也十分惊人，
泛区 3 省共有 89 万人在洪流浊浪中惨遭灭顶之灾（其
中河南泛区 32.5 万人，安徽泛区 40.7 万人，江苏泛
区 16 万人），占泛区总人口的 4.6%，而受灾较重的县
份，死亡率甚至高达 25% 以上，若加上逃亡人数，各
县所余人口已寥寥无几。至于农工各业的经济损失，
更是空前惨重，折合战前币值估计为 109176 万元，泛
区民众每人平均负担 5 ~ 6 元，按照当时中国人均国民
收入计算，就等于 1900 多万人一年的劳动所得，全部
被汹涌的黄水吞没了。

　　然而泛区民众的灾难远不止此。沙淤、旱荒和蝗
害，也纷纷降落到千百万灾民的头上。挟沙而行的黄
河，在使泛区人民饱尝洪流肆虐的劫难之余，还带来
了积水淤沙的巨大祸患。黄泛 9 年，洪水大约把 100
亿吨的泥沙倾泻到了淮河流域，在泛区平原形成了广
袤的淤荒地带，河南省距决口最近，受害最重。一份
调查表明，河南泛区面积共 5821 平方公里，淤沙面积
则为 1377 平方公里。其深度常达 1.5 丈尺以上，安徽
次之，一般在 3 ~ 6 尺，但颍水两岸淤积较重，可见到
3 ~ 4 公尺的淤积层，江苏省有些地方也有数寸至一尺
左右的淤沙。淤沙使淮河流域大片良田沦为沙丘，极
大地恶化了生态环境。在这些地方，黄水漫漫，芦苇
丛生，淤沙堆积，地貌变异，常常是荒草河滩，延绵
几百里，不见人间烟火。

　　黄河淤积还严重破坏了淮河上下游干支流水系。
贾鲁河、沙河、颍河、涡河等水系及褚河、楚河、双

泊河、白马沟、东西蔡河等均有不少河段被淤成平地。淮河干流颍河口至正阳关一段，也一度淤塞不通。自风台至洪泽湖之间淮河南北岸的茨河、北淝河、浍河、泉河、澥河、沱河及天河、洛河、池河等各支流河口一段也都被淤浅。淤浅长度短则 5～10 公里不等，长者达 45 公里，乃至 70 公里，西淝河被淤的三市集至河口段长达 110 公里，淤泥厚度 1～3 米不等。淮河流域的排水系统更加紊乱了。不少河段因此肥大膨胀，或者形成长形湖泊。皖境霍邱的东湖、西湖及寿县的城西湖、瓦埠湖，江苏的洪泽湖等也因黄潮阻挡而不同程度地加快了淤积的速率。创痕累累的泛区水系自此极大地降低了自身的容泄能力。这固然是九年黄泛的直接后果，反过来又构成了黄泛愈趋严重的一大原因，并为以后淮河流域的重大水灾埋下了隐患。而且由于各水系的紊乱和平原地带的淤荒，又使泛区严重丧失了抵御亢旱的能力。实际上九年黄泛的中后期，旱情即不断出现，且愈到后期，旱区愈大，灾情愈重。1942 年至 1943 年度以及 1946 年间更演成赤地千里、饿殍塞途的惨况。

与水旱灾的发展相呼应，蝗灾也日益猖獗。1941年，河南扶沟、淮阳、鄢陵、尉氏等县即发生蝗灾。1942 年泛水沿岸及商水、项城、临汝、太康等地，飞蝗漫天，所到之处，"地无绿色，枯枝遍野"。至 1943年，飞蝗遍及豫皖泛区并向四周蔓延，形成历史上罕见的特大蝗灾。皖北各县，继黄淮泛滥之后，蝗虫遍地，大片禾稼失收；河南泛区更为严重，蝗虫蔽日盈

野，掠河西飞，如同燎原之势迅速蔓延，面积广达 56
个县，此外，还飞越黄河，侵袭到豫北，进至太行山
麓的林县、安阳，连太行根据地的人民也深受其害。
1944 年，河南遭旱蝗灾者仍有 42 个县。1945 年 23 县
蝗灾，滑县、卫南、高陵一带也被侵入。1946 年皖北
24 个受水灾县份，几乎没有一县不兼遭蝗虫灾害。
1947 年河南蝗害又起，其发源地集中在泛区内扶沟县
的练寺区、西华县的红华集及西华老城区和淮阳的周
口区，总面积近 1000 平方里。因黄泛而更加频繁的蝗
灾逐渐演变成为泛区民众另一重大灾难之源。

 ## 重建家园梦难圆

　　花园口决口之后，国民党军政当局为了平息舆论，
稳定政局，也多少做过一些救济和善后工作，如办理
急赈，安抚灾民；修筑防泛新堤，实行以工代赈；设
立新垦区，移民垦荒等。但其实际效果同黄泛区人民
所遭受的前所未有的灾难相比，实在是微不足道。
1938 年底，国民党各级政府投入河南灾区的款项包括
急赈、工赈及移垦费等总共不过 122 万元，而江苏和
安徽则更少，分别为 15 万元和 5000 元。1940 年安徽
省泛区灾区辽阔，灾民众多，但从中央到地方发给灾
民的赈款，平均每人只有 2 分钱。

　　尤有甚者，尽管泛区人民已经被无情的黄水剥夺
得一无所有而陷入九死不复一生的凄惨境况，国民党
军政当局对赋役的征派并不曾稍减。虽然表面上政府

明令泛区免税，但事实上，地方的苛捐杂税名目繁复，军事上的差役摊派如征兵等也是重重又重重。再加上人民对于修筑堤坝工程的负担，简直不堪忍受了。据1943年6月21日河南《民国日报》揭载，沿河各县"每年所用的人工和所出的兵役比较起来，至少要多出十倍以上，人民所出的食物火料，比所出的赋税和捐派多上数倍"。尽管当时政府对兴筑的堤坝都拨有专款，但兴修的工料，全部摊派到附近的居民身上。所定的收购价格本来与市价就相差很大，而定价又比实发价多了好几倍，其中再经过各级经手人员层层扣留短发，做工出料的百姓实际所得，已寥寥无几。结果灾区居民对每一道堤坝工程所负担的费用，常常是政府所出的10余倍。这样，政府组织兴建的防泛堤工程，不仅没有能够阻挡得住滚滚洪流的侵袭，反而成为强加在泛区民众脖子上的一条沉重的锁链。

抗战胜利以后，黄泛区广大民众似乎迎来了一线生机。早在1943年11月9日，当第二次世界大战的战略形势开始发生转折之际，国际联盟48个会员国在华盛顿签约成立"国联善后救济总署"（简称"联总"），标明其宗旨"为运用联合国家之联合资源与技术，为战争停止之区域，进行善后救济工作"。1945年1月，国民政府依据有关国际条约的规定，成立"行政院善后救济总署"（简称"行总"），负责实地执行中国战区的善后救济事宜，并将黄泛区域列为十大善后计划之中，花园口堵口复堤工程则被视为黄泛区"复员工作第一急务"。从1946年春到1947年11月底止，黄泛区善后救济工作持续了将近两年时间。其主要措施包括：堵口复堤，疏浚河道；清淤除荒，防沙造林；在交通要道设立难民接待站，在泛区设立粥厂、贫民食堂、残老收容所、医院等食宿机构及医疗组织，动员难民返乡归耕；向灾区发放或贷放农业生产资料，同时举办各种小型习艺工厂；修复校舍、兴建公路、举办城市公共工程等。

这次对黄泛区的善后救济与战时的救灾工作相比，规模要大得多，在某些方面也取得一定的进展。以河南泛区为例，据统计，共有 46 万人返乡，复垦土地 161 万亩，修建房屋 1800 间，发放农具 20 万件，补充牲畜 131 头，发放衣着、食粮分别为 2566 英吨和 31105 英吨。

但是，这次善后救济工作还是远远没有达到"行总"所宣称的目标。仍以河南泛区为例，在全部被淹土地中，只有 36.21% 涸出待耕，复耕的更少，约有 22.05%；被遣返归耕的难民也仅相当于所有逃亡人数的 39.51%；至于发放的食粮、农具、牲畜，修建的房屋更无法与黄泛期间的损失相比，分别只占损失数的 1.19%、11.85%、0.02% 和 0.12%。所以，当时泛区的工作人员在工作结束时就曾感叹道："归来的难民，虽然受着我们的救济，但是粥少僧多，杯水车薪，并且在缺乏农具的情况下，也没有生产能力。他们没有衣服穿，没有粮食吃，没有房子住，也没有工作做。在这样风雪严冬之时，他们的确是不易活着呢！"

即使是已经进行的救济事项，在具体实施过程中也存在很大的弊端。如当时各项工程都实行以工代赈，但大都采用"包工制"，即交由政府机关委托工头办理，以致工人应得实惠无端蒙受层层克扣。而且这些堵口复堤的工人，大部分是由地方政府强行征派而来的，极大地妨碍了泛区灾民的农业生产；加上"行总"在工赈过程中只能补助工人食粮，对其他建筑费、材料费按规定不予补助，因而各县举办工赈时，这些费用大都向民间摊派，结果加重了灾区人民的赋役负担。

再者按照"联总"声称的灾区赈济原则，是"不以宗教政治信仰种族之不同而有差别"，"行总"也一再声称"公平原则"，实则对解放区的施救极为有限。河南省的救济工作多偏于泛西国统区部分，江苏省自始至终并未在人民政权所在的泛区推行救济工作。实际上自 1946 年 7 月以后，除了皖东北地区勉强坚持到次年 2 月，对其他解放区的救济工作均完全停顿。

特别需要指出的是，在新旧中国两种命运大决战的前夕，国民党政府这项很不成功的善后救济工作，还包藏着一种不可告人的祸心。当时黄河故道之内早已拓荒建村，拥有 40 余万（一说 50 余万）居民，并属于晋冀鲁豫解放区和山东解放区。而故道两岸的堤防，因年久失修或战争的破坏，已残破不堪，不足以抵御洪流。因此在堵决花园口黄河决口之前，理应移民复堤。但蒋介石却故伎重演，先是下令于 1946 年 3 月 1 日在花园口秘密兴工堵口，此后又置中国共产党的抗议和社会舆论的压力于不顾，在双方谈判未有进展之时，迫不及待地严令迅即堵筑决口，"限期完成，不成则杀"。其用意无非是要将豫皖泛区移于豫北、山东。正如周恩来所指出的，是"利用黄河水势，淹死鲁、豫解放区的人民和部队，隔断解放区的自卫和动员，破坏解放区的生产供给，以便于他的进攻和侵占，以达到他的军事目的"。这种引导祸水北移、反共反人民的举措，实际上是国民政府决口之初的"以水代兵"政策在新形势下的继续和发展，只不过用心更为险恶，手段更加拙劣而已。蒋介石的这一罪恶计划虽然被解放区军民"反蒋治黄，保家自卫"的复堤运动所击败，但终究给泛区重建工作蒙上了一层巨大的阴影。实际上，随着全面内战的爆发和不断地扩大，连国统区的善后救济工作也很快趋于停顿，泛区难民在抗战胜利之初迎来的一线曙光也很快消失于弥漫四起的战火与硝烟之中了。

八　灾荒发生在不同的区域

　　中国的抗日战争坚持到 1942、1943 两年，进入了最艰苦的阶段。日本帝国主义为了支持太平洋战争，不仅在国民党的正面战场发动了一系列的军事攻势，更在解放区战场集中了 64% 的侵华日军和几乎全部的伪军，疯狂地扑向中国抗战的中坚八路军、新四军以及抗日根据地的广大人民。而国民党蒋介石集团在日寇的政治诱降和军事进攻面前，一味地坚持"消极抗日，积极反共"的既定方针，一面在正面战场上丢城弃地，避战自保，一面又加紧对抗日根据地的包围和封锁，并指使其军队和官员，在"曲线救国"的幌子下大批投敌，配合日军向抗日根据地发动进攻。根据地的面积缩小了，人口减少了，武装力量也受到很大损失。人民的抗日战争面临着极其严峻的考验。

　　就在这民族决战空前残酷、阶级斗争潜流涌动之际，一场旷日持久的特大干旱，夹杂着蝗、风、雹、水等各种灾害，又横扫了黄河中下游两岸的中原大地，在南至鄂北皖北，北至京津，东濒大海，西迄崤山吕梁山的广大范围内，形成数十年未有的大祲奇荒。天灾战祸，交相煎迫，把这一片苦难深重的土地变成了一座人间地狱。

国统区——无声的死亡

河南省地处中原腹地，自古为兵家争战之区，兵连祸结，民不聊生。"出门无所见，白骨蔽平原"，这一千多年前的诗人吟叹，堪为近世中原人民灾难深重的写照。抗战爆发后不久，豫东、豫北相继易手，除豫西背靠大后方外，半壁河山，三面临敌，犹如一座突入汪洋的孤岛，任凭日寇的践踏。而国民党炸决花园口，人为制造了一个面积广大的黄泛区，更给河南人民雪上加霜。然而祸不单行，到了抗战的第五个年头，"自然的暴君，又开始摇撼了河南农民的生命线"。

1942年入春以后，河南省雨水失调，春麦收成只有二三成，此后大部分地区除了夏秋之交稍有雨泽外，滴雨未下，禾苗枯槁，树木凋残。而且旱灾之外，风、霜、雹、水、蝗等各种灾害也交相侵袭。尤其豫南各县，丰收原本有望，但在将要麦收之时，大风横扫一周之久，继之以阴雨连绵，致使麦粒满地生芽，收成不过三四成。入秋之后，豫西一带仅存的荞麦，又因一场大霜，全部冻死。而黄泛区则黄水溢堤，汪洋一片，鄢陵、扶沟、陈州等十余县，尽成泽国，从郑州到蚌埠间宽百余里、长千余里的土地，田禾冲没，庐舍为墟。与此同时，泛水沿岸及商水、项城、临汝等地，又发生蝗灾，蝗虫所至之处，地无绿色，枯枝遍野。整个河南无县不灾，无灾不重。据调查，仅在国统区的72个县中，就有1600多万人食不自给，约占全省人口的1/3，其中数百万人颗粒无收。即使根据《国民政府年鉴》保守的估计，受灾人数也在1146万，其中非赈不可的约200万人。

差不多是在夏季小麦歉收的同时，河南各地就普遍形成了饥馑流离的大荒之象。7、8月间，郑州各种粮价平均高涨1倍，每市斗由40余元涨至80余元；镇平涨风更炽，8月份小麦每斗已达140元，大米则高达200元。入秋之后，各地粮价有如脱线的风筝扶摇直上，在洛阳，半升小麦的价格高达80元，树叶在霜降之前比较便宜，但也要1元1升。德籍中国友人王安娜在她的《中国，我的第二故乡》一书中曾回忆说："入冬之前的几个月里，农民们靠吃树皮、树叶、黄土等维持生命……'卖娃了'，这可怕的喊声，在各个城市的街头响起。农民们卖女卖妻，他们希望借以维持到明年收割时，然后再把妻女赎回。然而这种希望是何等的渺茫啊。"

到12月，各地的粮价仍居高不下。据《大公报》记者的调查，麦子1斗900元，高粱1斗640元，玉米1斗700元，小米10元1斤，蒸馍8元1斤。由于农民大量宰杀耕牛和其他牲畜，使畜肉价格下降到比粮食还便宜，大约2斤猪肉或3.5斤牛肉才可换到1斤小麦。各地的灾民已经断绝了吃粮的念头。在叶县，每天都有人用杵臼捣花生皮与榆树皮，然后蒸着吃，不少灾民因吃了一种名叫"霉花"的野草而中毒发肿，有的干脆吃一种无法捣碎的干柴。还有许多灾民"用平常牲畜都不吃，只能作肥料的东西来填入他们的肠胃"，如榨油剩下的渣滓麻糁饼、河里的苲草、剥下的柿蒂、蒺藜捣成的碎粉等，有的还"捡收鸟粪，淘吃里面未被消化的草子，甚至掘食已经掩埋了的尸体"。至1943年2、3月间饥荒最严重的时候，"常有些吃麦苗的妇女们，一不小心跌倒在地里之后，便再也不能起来了"。此时卖子女在灾区早已无人问津，绝境中的灾民，只好将自己的年轻老婆或十五六岁的女儿，用驴驮到豫东漯河、周家口、界首那些贩人的市场卖为娼妓。在许宛公路上，大批被贩卖的妇女络绎南去，这些妇女，全都只剩下一架骨头。但是不管她们的命运如何悲惨，人们对这种不正当的行为"都给以深切的同情"，因为"这总比饿死在家中强得多"。

其实，在饥饿与严寒的无情打击之下，死亡载道，已成普遍现象，特别是从入冬以后到次年麦收之时，除弃婴满地外，成年男女因饥而亡的也与日俱增。1943年5月，河南《先锋报》特派记者流萤在其《豫灾剪影》中记下了他的亲历所见："在洛阳，这繁华的街市，人会猝然中倒，郑州市两礼拜中，便抬出一千多具死尸。偃师、巩县、汜水、荥阳、广武和广大的黄泛区，每天死亡的人口都以千计。入春以来，更每天每村都有死人。据一位视察人员去年10月间的调查，每天河南要死4000人以上，现在是离那时三个月后的春天了，谁知道现在的死亡率比那时候要大好几倍？……这些河南的农民，好像苦霜后的树叶子一样，正默默无声地飘落着……"

他们也曾抗争过，挣扎过。当饥荒刚刚开始还没有大批的农民倒下去之前，整个河南的城镇都发生了抢粮的暴动。地主、商人、高利贷者，甚至国民党官方的粮仓常常被成群的武装农民洗劫一空；在秋初，一大批暴动的农民甚至直逼河南省政府所在地洛阳。但由于当局的严加防范和饥饿的残酷折磨，越来越虚弱的农民再没有进行抗争的能力了。他们在秋收完全绝望之后最终踏上了逃荒的路途。这些逃荒的民众扶老携幼，川流不息。其中，一批人南下逃往湖北，一批人万般无奈地向东越过战区进入日本占领区，另有一批人则北上奔向中国共产党领导的抗日边区，但更多的灾民还是辗转洛阳，沿陇海路西进陕西"大后方"。到1943年4月初，逃往陕西的先后已达80万人。然而除了历尽艰险奔向抗日边区的灾民之外，大都无法逃脱死神的巨掌。在东路，逃往沦陷区的灾民由于根本找不到生路，不得不回到家乡等死。在南路，一位春间沿鲁山、叶县、方城、唐河一线公路回乡探亲的河南人士这样写道：在缓缓移动的人群中，一些走不动、爬不起的老头儿、老太婆和10岁以下的孩子们，停滞在公路上面，哭着叫着得不到一文钱的救济。在路边的小沟中，时而躺着姿势很不自然的老弱，若是不仔细观察，决不会发现他们是已经绝了气的死尸。在西路，那条连接洛阳与西安的陇海铁路，在成千上万的灾民心目中，好像是释迦牟尼的救生船，但这条"神龙"不仅没有把灾民们驮出死亡圈，驮到安乐的地带，反而驮出了一条无尽长的死亡线。在洛阳车站，铁道两沿几尺高的土堆上，到处都挖有比野兽的洞穴还低小的黝黑的"家屋"，有的则用树枝和泥浆圈一个圈子，一家人挤在里面。每一列开往西安的火车上，都爬满了难民，就像一条死虫身上群集的蚂蚁一样。难民们紧紧扒住他们所能利用的每一个把手和脚蹬，许多人由于过分虚弱而跌下列车，惨死在铁路线上。在洛阳到西安几百英里长的铁路沿线，到处都是这些难民的尸体。侥幸不死的难民逃到西安，当局还不允许他们在市内出现，许多人只得在平地上挖出一条小沟，再从小沟挖掘小洞，一家人便蛇似的盘在里面。整个西安，只有一个粥厂，散发的粥券，也只有很小一个数目，而且只准领一次。许多灾民不是活活饿死，就是一家人集体自杀。

据不完全估计，两年中河南省约有 200 万到 300 万灾民被夺去了生命，而在第一年中可能就死了近 100 万人。此外，在中国的南端广东省也同时发生旱荒，约 50 万人丧生。

灾荒发生后，国民党中央在 1942 年 10 月也曾派遣大员前往河南查勘灾情，但此后不仅迟迟不见救灾的行动，就连有关灾荒的消息也被封锁。前述《大公报》在 1943 年 2 月 1 日、2 日刊载的一位记者从河南采写的通讯，首次向重庆大后方人民披露那里发生大饥荒的事实。不料却激起了轩然大波。当天晚上，重庆新闻检查所立即给报社送去了国民党军事委员会勒限该报停刊三天的命令。《先锋报》的记者流萤也不时地收到河南国民党特务的恫吓信。而他们这样做的理由说起来却不免荒唐。当年的美国驻华外交官在他的《一个美国人看旧中国》一书中，用一种不无揶揄的笔触道破了其中的真相：

　　在这一年（1942）中，就我观察到的国民党的所作所为而言，尽管他们说得动听，但其中绝大多数是表面文章……许多这种官样文章是专门做给海外人士，特别是给美国公众看的。其中一个令人痛心的例子是"印度饥荒救济委员会"。这个委员会由蒋夫人和其他一些知名人士负责。那时因为日本人占领了缅甸并切断了缅甸对印度的大米供应，印度孟加拉邦发生了饥荒，饿死大约200万人。当时中国的河南省也处于饥荒之中，其程度和孟加拉邦同样严重。由于河南地处前线，没有什么外国贵宾前往，重庆国民党就不承认河南发生了饥荒，而且禁止报刊提到此事。当然也不可能有什么"河南饥荒救济委员会"。我并不怀疑在"印度饥荒救济委员会"中有一些正人君子，也相信这个委员会能把从重庆募捐到的钱送到加尔各答，拯救不少印度饥民。但问题在于这个委员会是由国民党高级头面人物负责的。他们肯定了解在中国的河南发生的事情。这些人做出一副姿态来关心一个外国所遭受的苦难，与此同时，却将本国人民所遭受的苦难的事实严格保密。实际上，正是这些人应该对本国人民所遭受的苦难负相当的责任。

但历史并不总是在玩弄权势者面前保持缄默，国民党的做法只能欲盖弥彰。当时国内的《新华日报》、《解放日报》等新闻媒体，都在不断地报道中原灾情。一些在华的外国传教士和新闻记者也就河南省一带发生的无法想象的惨剧，写出愤怒的报告。来自中原腹地的灾情荒象终于冲破重重帷幕而为越来越多的国内外人士所了解、关注。迫于强大的舆论压力，国民党中央不得不在国内也做出一副姿态，拨发赈款，救济豫灾。但这样的赈济不仅没有化作中原人民的"福音"，却演成了抗日战争后期中国最大的政治丑闻之一。王安娜对此作了相当详尽的揭露。她写道：在洛阳的各条街道上都是饿得奄奄一息的难民，"但在饭店，政府的官员和军官们却吃着珍馐美味"，许多商人和贪官"囤积大米，大发其财，然后又派人拿赚到的钱去买濒于死亡的农民的土地、孩子和财产"，不少政府的官员和军官甚至用高得出奇的价格出售政府的小麦，牟取暴利，"而这些小麦是他们不久之前刚刚用武力从农民那里夺来的"。重庆政府"也利用饥荒的机会来发财。海外响应救济机构的号召，捐款救灾，这些钱在法定的金融市场上换成中国货币，但汇率只及黑市兑换价，亦即实际价值的十分之一。这就是说，政府的银行至少吞没了救济金的一半"。等到第二年，

"政府终于同意发放数百万元救济河南省"，却"可惜太晚了，对饥荒的受害者并无用处"，因为"发放救济金的人正好是那些发饥荒财的人，所以大部分救济金都落到这帮家伙的腰包里"。格兰姆·贝克对此也做了大致相同的记述，并把河南发生的这一切，看做是"证明国民党正在走向自我毁灭的最不祥的预兆"。

敌占区——饥荒制造所

和河南省国统区一样，在烽火遍地的抗日最前线，山西、山东、河北等省的大部分地区及豫北一带，也发生了差不多同等严重的特大灾害。国统区（其中大部分实际上受敌伪控制）、日伪占领区（包括游击区）和中国共产党领导的抗日根据地（简称"边区"）犬牙交错，此消彼长，而除了边区政府及有关报纸敢于正视困难、报道灾情从而使我们今天对边区当年的灾况有一个比较全面的了解（详见下一节）外，无论是国民党投降派，还是日伪占领者，都对其辖区内的灾情置若罔闻，熟视无睹，以致其中详情，不仅当时鲜为人知，即使在今天也只能从当年一些零星的报道和知情者后来的追忆中窥见其梗概。但有一点无论如何也是确定无疑的，这就是 1944 年 8 月 29 日《解放日报》的一篇文章所说的，侵华日军"用了全部的时间和精力，制造了这饥饿的大悲剧"。

抗日战争进入相持阶段以后，日寇即把军事进攻的重点转移到敌后解放区战场，尤其华北战场。从

1941 年春到 1942 年秋，日军为了配合太平洋战争，确保华北这块"大东亚兵站基地"的殖民统治，又连续发动了以五次灭绝人性的"大扫荡"为核心的所谓"治安强化运动"，其规模之大，时间之长，手段之残酷，为世界战争史所少见。华北各地，顿时笼罩在一片刀光血影之中。据统计，在 1939 年、1940 年两年中，敌人对晋冀鲁豫边区组织的兵力在万人以上的大规模进攻和扫荡共计 10 次，在 1941 年一年之中，较大规模的扫荡就有 9 次，小规模的扫荡与袭扰有 253 次；1942 年大规模的扫荡竟高达 10 次，小规模的扫荡与袭扰也有 262 次，尚不包括对边沿地区的袭击与骚扰。如此反复的"扫荡"，再加上"扫荡"过程中残酷的"三光政策"，使华北边区的广大农村遭到毁灭性的摧残，从平原到山地，没有不被摧毁的村庄，没有不被抢掠的村庄，人民的生产能力急剧下降，生活条件也极度地恶化。

而且，为了包围和分割抗日根据地，日寇还在其势力所及之地主要是敌占区和敌我争夺的游击区，大量地修筑兵营、碉堡、封锁沟和公路网等军事设施。仅冀南区，截至 1943 年即有碉堡据点 1103 个，公路及封锁沟墙共 13170 里，星罗棋布，纵横交错，两者合计即占用耕地 13.5 万亩。整个华北地区到 1942 年 10 月共新筑碉堡 7700 余座，遮断壕（即封锁沟）11860 公里长，相当于起自山海关、经张家口、至宁夏的万里长城的 6 倍、地球外围的 1/4。这不仅使成千上百万的华北人民被剥夺了衣食之源，也使得华北平原的生态环境惨遭浩劫，树木砍光了，田园荒芜了，完整的平原也被分割得支离破碎，原本并不发达的水利设施更加荒废不堪，华北农村的防灾抗灾能力受到了极其严重的破坏。

不仅如此，敌人所到之地，总要将极为苛重的劳役兵役强加到当地农民头上，逼迫他们或则从事修路、挖沟、筑碉等军事工程的强制劳役，或则承担据点附近的日常劳役，或则出关充当苦力。据调查，华北各地沿交通线人民对敌服役平均每人每月在 20 天以上，有的长达 27 天，截至 1943 年的几年时间，为增修铁路、公路及护路沟共出民力 3648 万多人，仅冀南人民即出工 763 万个。还有大批壮丁被运出关外，据当时缴获的敌人文件证明，从 1939 年到 1942 年，6 年之内日寇从华北地区捕捉和诱骗出关的壮丁达 529 万人，其中 230 万人是在 1941、1942 两年运出的。被迫充当伪军、充当炮灰的人数更为惊人，豫北修武 5 个区，参加伪军人数占全人口的 10%，占全部青壮年的 70%～80%。许多人还惨遭杀害。1942 年 5 月日军为进剿沙河，从河北邢台、永年、沙河 3 县强征壮丁 13000人"随军服役"，结果在不到 40 天的时间内，打死累死饿死及被敌杀死的竟有 1200 余人。这样，大批农民既被征发，又遭残杀，或被迫相率离乡他去，农村劳动力锐减，再加上上述大量农田的破坏、荒芜，华北地区农业生产大幅度下降，粮食供应也急剧地减少。仅冀中一带，因农田破坏造成的粮食损失每年约在 180万石以上，250 万人被无端地推到了饥饿线上。

至于对农民粮食、物资的劫夺和榨取同样骇人听闻。除了强盗般的抢劫外，通过伪政权摊派的名目繁多的赋税，总是压得敌占区人民喘不过气儿来，诸如田赋、小康款、地亩款、契税、烟酒牌照、牲畜税、屠宰税、宴会费、洋车牌、狗税等等，五花八门，多达几百种，而且每种都有附加，伪组织人员的任意勒索，尚不包括在内。通常情形之下，农民一年的负担都要超过全部收入的 2～3 倍。若无力缴纳，不是被拘押，就是被强迫拍卖田产家具来抵偿。1942 年变为游击区的冀南各县，90% 以上的地区直接遭受敌人的榨取，人民的负担很快就超过了极限，枣（强）南、故城、垂杨、冀县、清河、武城等 6 县 1942 年全年对敌负担在 3 亿元左右，人均负担 328 元，比根据地时代增加了 100 倍。如此赤裸裸地掠夺，使敌占区人民十室九空。敌占区的老百姓曾经这样呻吟着：

> 房子被占田地去大半，明匪暗贼胡乱窜，儿孙被拉兄弟散，仓中粮已尽，娇妻太君恋！……禾苗荒，无人锄，闾长日日催民夫。民夫去修路，修了汽路又挖沟，修路筑堡无尽头，家家户户暗地愁！

一方面是无休止的烧杀、劫掠和勒索，一方面是旷日持久的特大天灾，敌占区、游击区以及实际上受日伪控制的国统区普遍出现了饿莩盈野、万户萧疏的恐怖景象。在豫北敌占区，由于战火与灾荒的双重打

141

击，到处"饥馑恐怖，混乱可怕"，尤其是温县、孟县、济源、博爱等县更为严重，到 1943 年春，所谓"哀鸿遍野、饿殍载道"的情形"已成过去"，因为这里已是"百余里人烟绝迹"，真可谓"白茫茫一片大地真干净"。在山西，由国民党军队（后来都成了伪军）占领的陵川、高平、晋（城）东等晋东南一带，和前述豫北各地共同构成骇人听闻的无人烟地带。据 1943 年 7 月八路军解放这一地区后粗略调查，陵川县人口死亡达 13300 人，占原人口的 20%，高平县有 28 个村在同一时期损失人口（包括逃亡和死亡）达 44%。在山东，在河北，据 1943 年 7 月 10 日《新华日报》的消息，由于持续的亢旱和日寇疯狂的粮食掠夺，广大的敌占区发生了严重的粮荒，津浦、平汉（即京汉）两条铁路沿线，饿殍遍野，饥民卖儿鬻女，徐州、济南、德州、石家庄、邢台、安阳等地还出现公开的人肉市场。而北平、天津、济南、青岛各大城市，每月平均饿死都在 300 人以上。在冀南敌占区，重灾各村的人口死亡率，最高的达 40%，逃亡率，最高的达90%；大名、成安、魏县等游击区，人民的死亡率，达总人口的 5%～15%，逃亡的占总人口 30%～50%。这一时期，全冀南人口死亡 20 万～30 万，逃亡 100万。据齐武所撰《一个革命根据地的成长》一书中追述，在 1943 年春季旱灾严重之际，当八路军的部队夜间进入上述游击区的时候，他们——

　　　　所能听到的惟一的有些生气的声息，就是自

己的脚步声。几乎所有的村庄和家屋都寂无一人。推门进去，单见野草丛丛，一片秽芜，各种什具，如桌、凳、橱、柜之类，都凌乱不堪地弃置着，这说明主人曾经把它们拿去变卖，而后来已无力放归原处。这些东西的旁边，往往就是僵卧的尸体。有些人正是在从事某种活动时（比如挪动一件家具或正迈出房门）就地死去的，有些人是忍受不了这种苦难而自杀的。因为无人善后，自缢而死的人的尸体，一直挂在房梁上或院中的树上，黑魆魆的，加重了恐怖感。奇异的腥臭，使人难以忍耐！在这里，很少遇到什么活的生物，只有老鼠算是例外。由于食物奇缺，这些潜伏在地下的动物，也发生了饥荒。夜间行军的时候，人们常常会看到一大片一大片灰褐色的东西，像波浪一般滚滚移动，那便是转移就食的鼠群。

尽管我们一时还不可能对晋、冀、鲁、豫各省敌占区和国统区的旱荒灾情，做进一步详细的描述，但透过上述一鳞半爪的报道和记载，我们完全可以想象得出，在日本帝国主义和国民党投降派的残暴统治之下，那里人民的命运是何等的悲惨。

奇怪的是，一手加剧了大灾巨祲的日伪占领者，居然还厚颜无耻地试图笼络民心，在其劫持下出版的《申报》竟于 1943 年 5 月 20 日发表社论，声称，"这次救济华北灾民成效如何，实会有重大的政治意义"，"这一区域灾民的向心，就在谁能拯救之于饥饿之中，谁就是他们所感戴的救星"。而事实上，侵略者施予华北灾民的"恩惠"，却是广泛推行惨无人道的"配给制"。这种配给制将敌占区的民众按年龄分为大老小三种，大口日给16两，老口日给12两，小口日给8两，所发均为红薯、大豆、山药之类，由于人多粮少，价又昂贵，后又由关外运来大批豆饼作为粮食代用品，此外还有用树皮和麦秸碾成的"面粉"。到1943年这种代用品占配给额的9/10，而且15岁以下、60岁以上的不再配给。至于衣着，在"配给制"下，由于棉花已全部被日寇充作军用，人民只能用一种类似芦花的绒类及田豆梗纤维所造的假布来代替，既不保暖，而且着身即破。因此，这种以最大限度地榨取沦陷区物资为前提的"配给制"，已将人民的生活水准降低到连牛马也不如的地步，与其说是"救济"，莫如说是变相的虐杀。

3 边区——另一个新世界

在中国共产党领导的抗日根据地，两年来受到灾荒严重袭击的主要是位处太行山脉两侧，横跨晋、冀、鲁、豫4省的晋冀鲁豫边区和晋察冀边区的冀西、冀中一带，其中晋冀鲁豫边区受灾最为严重。

从1941年冬到1942年春，太行区的雨量就很少。7月上旬以后，大部分地区始终未有透雨，麦收只有三四成，勉强种上的秋禾，收获前又连遭阴雨而大部倒青，平均收成不过二成左右，总计需要救济的灾民有

33 万余人。与其相邻的冀南、冀鲁豫分区也普遍歉收，冀鲁豫重灾村有 1050 个，轻灾村 580 个。到了 1943 年，旱灾继续蔓延，受灾面积差不多包括太行和冀南的全部、太岳大部和冀鲁豫的一部。在太行区，5 月中旬至 8 月初，80 多天滴雨未下，赤日炎炎，如灼如烤，许多地区水井干涸，河流断源，耕地开裂，茎叶干枯，着火即燃。所有旱种的玉米、豆子、南瓜、菜蔬及大部分谷子，旱枯而死，平均收成仅三成左右，灾民在 35 万人以上。冀南一专区的大名、成安等县，自春迄秋，旱灾绵延 8 个月，麦季无收，秋禾也很少下种。全冀南共有 884 万亩耕地，因旱灾未能播种。直到 8 月下旬，各地才普遍降雨，但农时已过，重灾区颗苗俱无，轻灾区的田禾也大部分变作随风摇荡的枯草，很多地区只有二成到三成的收获。

由于连年的雨水失调，边区各地又普遍发生了蝗灾。1943 年 6 月中旬，豫北的安阳、林县、武安及冀西的沙河、邢台、磁武等地即出现了蝗虫，随后又蔓延到山西的黎城、潞城、平顺等县，而且一直持续到秋后；冀南大旱之后，也是飞蝗遍地，大片大片的禾苗、蔬菜被一扫而光。而来自敌占区及黄泛区的飞蝗也不断地飞往解放区，往往一个突袭，就使安阳等县损失秋季收成的 2/3。据八路军一二九师参谋长李达后来的回忆，当成群的蝗虫过境时，铺天盖地，最大的蝗群，有方圆几十里的一片，它们一落地，顷刻之间就把几十、几百亩地的庄稼吞食一干二净。

到 1943 年秋，经过长时期的苦旱之后，甘霖普降，但又由于雨水过多，漳河、运河、滏阳河、卫河河水暴涨，加上日寇于 9 月 27 日在临清、漳河、鸡泽等县扒堤决河，致使洪水横流，泛滥成灾，冀南 30 个县、126 万亩的土地变成了水国。各地汪洋一片，许多村庄人畜漂流，房屋倒塌，只见一片片半浸在水中的断垣残壁。太行区的清、浊漳河两岸，也冲没良田 15000 多亩。

旷日持久的严重灾害，使边区社会一度面临着极其严峻的形势。整个边区需要救济的灾民有 150 万～160 万人。在太行区，尤其是毗连敌占区的边缘地区，当 1943 年春旱荒最严重的时候，"有的大量拍卖衣服、农具、家中杂物；有的出卖牛羊，宰杀牲畜；有的出卖青苗换粮吃；小偷盗窃之案件，普遍发生"，有的地方灾民甚至"有拿儿换米吃，有妇女沿村找寻出嫁对象以图一食者，至于自己杀害儿女之事，也层出不穷。粮价飞涨，工匠艺人大批失业，小手工业者开张困难，乞丐讨吃流亡者随处可见"。边区人民陷入了前所未闻的苦难之中。

不过，与敌占区和国统区相比，边区因灾而荒的程度相对而言要轻得多，尤其是当周边地区的荒情不断加剧时，整个边区的形势却逐渐好转，原本逃往外地的灾民，大多陆续返回家园，就是敌占区及黄河以南的国统区的灾民也大批奔向边区，据统计仅晋冀鲁豫的太行、太岳二区，外来灾民即达 25 万人，大约相当于全边区所有灾民的 1/6。之所以如此，用那些逃荒者的话来说，就是因为"根据地是另一个新世界"。对

此,《解放日报》曾载文讴歌道:

> 灾荒愈发展,三个世界的对照愈清楚,从安
> 阳到玉峡关的封锁线,虽然可以和敌人的封锁沟
> 墙相比拟,但封锁不了饥饿发疯的灾民,沿着美
> 丽的清漳河,褴褛的人群,日以继夜地向根据地
> 内流着,涌着。

这是中国历史上,具体地说是中国灾荒史上从未
有过的奇迹。而这一奇迹的创造者正是中国共产党的
抗日民主政府及其领导下的数百万边区军民。

早在1942年10月份严重的灾荒初露苗头之时,
晋冀鲁豫边区便紧急动员起来,相继转到救灾工作的
轨道。救灾的第一步就是减免灾区的负担,并拨粮拨
款赈济灾民。1943年,太行全区的公粮负担总计比上
年减少近1/5,太岳区同期则减少了1/3,冀南区减少
了2/3。政府直接用于赈济的粮款,就当时边区的财政
收支状况而论,数目也很大。太行区灾荒期间实际用
于救灾的各种贷款达2000万元,赈贷的粮食共38万
石,如以全区300万人口计算,平均每人可得1斗3升
的粮食,而同期每人每年负担不超过3斗小米,这就
是说两年中人民上缴的公粮有21%都用于直接的赈济
了。

在边区政府的倡导之下,边区各地、各阶层还广
泛开展以节约、互助为核心的社会互济运动。党政军
民各机关团体以及工厂、学校、报馆、书店、剧团、

商店等各单位人员都纷纷响应号召，节衣缩食，救济灾民。太行区每人每天节省口粮 2 两、1 两或 5 钱，多少不等，时间短则 2 个月，长则 8 个月，部队机关均达半年之久，每人每天从 1 斤 6 两减至 1 斤 2 两或 1 斤。为了进一步节约口粮，部队机关还发起采野菜运动，大批采集野菜树叶作为代食品。1943 年秋天，太行部队采集的野菜在 100 万斤以上，太岳部队从 1943 年后半年到 1944 年春，节约救灾的小米，共达 10 万斤。为了激发人民群众的互助友爱精神，边区政府还组织募捐团或救灾公演，发起广泛的募捐活动。在灾区，提倡"急公好义，仗义疏财，富济贫，有济无，亲戚相助，邻里互济"；在非灾区，则提出"一把米能救活一家人，一斗糠穷不了一家"的口号，呼吁人们关怀灾区同胞。边区政府还在敌占区、游击区发起"中国人大团结，中国人救中国人"的募捐运动，组织群众开展社会互济，并在能够活动的地区向灾民调剂粮食，发放赈济粮款，在一定程度上舒缓了敌占区人民的灾难。为了妥善安置来自敌占、游击区及国统区的灾民，边区政府一面在交通要道上设置招待站，供应过往灾民的食宿，一面又命令各县按当地居民 3% 的标准进行安插，使其享受应有的公民权利，同时发动旧户召开欢迎会，并提供住房、粮食，借给家具、耕具。据报道，当时逃向太岳区 20 万、逃向太行区 5 万外来灾民，都找到了他们的家。

救灾过程中，边区政府还努力把救灾与生产结合起来，使救济工作贯串了生产精神，逐步成为一个大规模的群众性生产渡荒运动。

这种生产救灾运动遍及农村生产的各个领域和各个方面，其中最主要的就是农业生产。为了恢复和扩大种植面积，弥补旱灾造成的损失，党和政府大力领导农民，打井挖池，修河筑堤，担水浇苗，突击抢种、改种、补种，力求"不荒一亩地，不空一茎苗"。1943年秋，冀南抢种麦地，几占耕地的1/2（平常只能种1/3），太行全区共种小麦215万亩以上，其中一至五分区有70%以上的耕地种上了小麦，有的县区种麦还比过去增加了1/4到1/3，创造了抗战以来的最高纪录。至第二年小麦丰收，基本上解决了根据地的军需民食问题。

诸如纺织、运输、造纸、煤窑、磨坊、榨油等农村副业或手工业，也在边区政府的大力扶持下，得到不同程度的恢复和发展，特别是纺织业和运输业，成效最为显著。以纺织业为例，原有纺织传统的冀南农村，纺织事业进一步发展，纺织业素不发达的太行太岳区也到处响起了"唧唧复唧唧"的纺纱织布声。边区各地纺织事业蓬勃兴起，并迅速形成群众性的妇女纺织运动。到1944年4月底，太行全区参加纺织的妇女达20多万，纺织收入共计340万斤小米。这不仅使数十万灾民缓解了饥饿的威胁，还激发了妇女的劳动热情，提高了妇女的社会地位，同时也解决了边区军民的衣着问题，打破了敌人的封锁。

在这种生产救灾过程中，边区各地的驻军发挥了至为关键的推动作用。当时正值边区部队战斗最为频繁和激烈的时期，据不完全统计，太行区的部队每日平均作战 15 次，太岳部队每日作战七至八次。但就是在这种残酷的军事斗争过程中，边区部队一面以鲜血与生命保卫着人民和生产的安全，一面又帮助群众进行各种生产。在冀南，由于耕牛奇缺，军队除少数警戒敌人外都给老百姓拉犁，当了"光荣的耕牛"。1943年，冀南区部队为群众锄草不下 50 万亩，太行区部队在灾荒期间帮助群众耕种、锄地、收割合计达 42900亩。为了支援灾区兴修水利，冀南部队在 1943 年 7 月组织打井队，自带口粮跑遍大小村庄，鼓动并帮助群众打井，全冀南新开的近 1 万口井，几乎没有一口不浸透着战士们的汗水。边区驻军还利用战争间隙自己动手开荒生产，太行部队一年共开荒 10 万多亩，产粮510 余万斤，山药菜蔬 1266 万斤，使粮食、菜蔬的自给程度分别达到 3 个月和全年，减轻人民负担达 20 万石公粮。冀南部队每个指战员种地 5 亩，做到粮食蔬菜半年自给乃至全年自给，极大地减轻了人民的负担。

由于敌祸天灾的连续打击，边区农村劳动力和生产资料严重缺乏，仅仅依靠单个的家庭分散地从事生产救灾活动显然困难重重。因此，在边区政府的积极倡导和人民群众的自发要求之下，互助合作事业迅猛发展，生产救灾运动最终走上了"组织起来"的道路。据统计，从 1942 年 10 月到 1943 年 6 月底，太行区共建合作社 460 个，而灾区即有 290 个，占总数的 63%；到 1943 年底，仅沙河、左权等 6 个县的统计，半年之内，合作社的数目即增加 1.05 倍，社员增加了 3.36

倍，资金增金53.6倍。至于互助组，也在救灾活动中成长了起来。1944年太行区武乡、偏城等24县，长期的与临时互助组、队，共有2.3万个，参加人数约为22万人，占现有劳动力人口的20%；冀南区80%的青壮年参加了互助组，太岳区的互助组也有9000多个。合作社、互助组，成为边区人民战胜灾荒两大重要组织。

以晋冀鲁豫边区为代表的这种大规模有组织的救灾度荒运动，是在抗日民主政府领导下的、以根据地党政军民全体力量为基础的真正群众性的社会自救运动。它不仅密切了党和政府与群众之间的关系，而且极大地增强了边区各地区、各阶层人民之间的团结与合作。它还树立了军民共命运的光辉范例，进一步巩固了军民之间鱼水般的血肉深情。这样，整个边区的党政军民在严峻的灾荒面前团结起来，凝成一个不可分割的整体，汇成了一股巨大的力量。正是这种力量成为边区战胜天灾敌祸的最基本条件，也正是这种力量，最终汇注于生产自救之途，成为财富增值的永不枯竭的源泉，从而为抗拒天灾并最终战胜灾荒奠定了最雄厚的物质基础。在近世百年救荒史上，这确属前所未有的创举和伟业。它从一个侧面有力证明了这样一个颠扑不破的历史事实：只有共产党，才能救中国。

《中国史话》总目录

系列名	序号	书名	作者
物化历史系列（28种）	30	石器史话	李宗山
	31	石刻史话	赵 超
	32	古玉史话	卢兆荫
	33	青铜器史话	曹淑芹　殷玮璋
	34	简牍史话	王子今　赵宠亮
	35	陶瓷史话	谢端琚　马文宽
	36	玻璃器史话	安家瑶
	37	家具史话	李宗山
	38	文房四宝史话	李雪梅　安久亮
制度、名物与史事沿革系列（20种）	39	中国早期国家史话	王 和
	40	中华民族史话	陈琳国　陈 群
	41	官制史话	谢保成
	42	宰相史话	刘晖春
	43	监察史话	王 正
	44	科举史话	李尚英
	45	状元史话	宋元强
	46	学校史话	樊克政
	47	书院史话	樊克政
	48	赋役制度史话	徐东升
	49	军制史话	刘昭祥　王晓卫
	50	兵器史话	杨 毅　杨 泓
	51	名战史话	黄朴民
	52	屯田史话	张印栋
	53	商业史话	吴 慧
	54	货币史话	刘精诚　李祖德
	55	宫廷政治史话	任士英
	56	变法史话	王子今
	57	和亲史话	宋 超
	58	海疆开发史话	安 京

系列名	序号	书　名	作　者
交通与交流系列（13种）	59	丝绸之路史话	孟凡人
	60	海上丝路史话	杜　瑜
	61	漕运史话	江太新　苏金玉
	62	驿道史话	王子今
	63	旅行史话	黄石林
	64	航海史话	王　杰　李宝民　王　莉
	65	交通工具史话	郑若葵
	66	中西交流史话	张国刚
	67	满汉文化交流史话	定宜庄
	68	汉藏文化交流史话	刘　忠
	69	蒙藏文化交流史话	丁守璞　杨恩洪
	70	中日文化交流史话	冯佐哲
	71	中国阿拉伯文化交流史话	宋　岘
思想学术系列（21种）	72	文明起源史话	杜金鹏　焦天龙
	73	汉字史话	郭小武
	74	天文学史话	冯　时
	75	地理学史话	杜　瑜
	76	儒家史话	孙开泰
	77	法家史话	孙开泰
	78	兵家史话	王晓卫
	79	玄学史话	张齐明
	80	道教史话	王　卡
	81	佛教史话	魏道儒
	82	中国基督教史话	王美秀
	83	民间信仰史话	侯　杰
	84	训诂学史话	周信炎
	85	帛书史话	陈松长
	86	四书五经史话	黄鸿春

系列名	序号	书　名	作　者
思想学术系列（21种）	87	史学史话	谢保成
	88	哲学史话	谷　方
	89	方志史话	卫家雄
	90	考古学史话	朱乃诚
	91	物理学史话	王　冰
	92	地图史话	朱玲玲
文学艺术系列（8种）	93	书法史话	朱守道
	94	绘画史话	李福顺
	95	诗歌史话	陶文鹏
	96	散文史话	郑永晓
	97	音韵史话	张惠英
	98	戏曲史话	王卫民
	99	小说史话	周中明　吴家荣
	100	杂技史话	崔乐泉
社会风俗系列（13种）	101	宗族史话	冯尔康　阎爱民
	102	家庭史话	张国刚
	103	婚姻史话	张　涛　项永琴
	104	礼俗史话	王贵民
	105	节俗史话	韩养民　郭兴文
	106	饮食史话	王仁湘
	107	饮茶史话	王仁湘　杨焕新
	108	饮酒史话	袁立泽
	109	服饰史话	赵连赏
	110	体育史话	崔乐泉
	111	养生史话	罗时铭
	112	收藏史话	李雪梅
	113	丧葬史话	张捷夫

系列名	序号	书名	作者	
近代政治史系列（28种）	114	鸦片战争史话	朱谐汉	
	115	太平天国史话	张远鹏	
	116	洋务运动史话	丁贤俊	
	117	甲午战争史话	寇 伟	
	118	戊戌维新运动史话	刘悦斌	
	119	义和团史话	卞修跃	
	120	辛亥革命史话	张海鹏	邓红洲
	121	五四运动史话	常丕军	
	122	北洋政府史话	潘 荣	魏又行
	123	国民政府史话	郑则民	
	124	十年内战史话	贾 维	
	125	中华苏维埃史话	杨丽琼	刘 强
	126	西安事变史话	李义彬	
	127	抗日战争史话	荣维木	
	128	陕甘宁边区政府史话	刘东社	刘全娥
	129	解放战争史话	朱宗震	汪朝光
	130	革命根据地史话	马洪武	王明生
	131	中国人民解放军史话	荣维木	
	132	宪政史话	徐辉琪	付建成
	133	工人运动史话	唐玉良	高爱娣
	134	农民运动史话	方之光	龚 云
	135	青年运动史话	郭贵儒	
	136	妇女运动史话	刘 红	刘光永
	137	土地改革史话	董志凯	陈廷煊
	138	买办史话	潘君祥	顾柏荣
	139	四大家族史话	江绍贞	
	140	汪伪政权史话	闻少华	
	141	伪满洲国史话	齐福霖	

系列名	序号	书名	作者
近代经济生活系列（17种）	142	人口史话	姜涛
	143	禁烟史话	王宏斌
	144	海关史话	陈霞飞 蔡渭洲
	145	铁路史话	龚云
	146	矿业史话	纪辛
	147	航运史话	张后铨
	148	邮政史话	修晓波
	149	金融史话	陈争平
	150	通货膨胀史话	郑起东
	151	外债史话	陈争平
	152	商会史话	虞和平
	153	农业改进史话	章楷
	154	民族工业发展史话	徐建生
	155	灾荒史话	刘仰东 夏明方
	156	流民史话	池子华
	157	秘密社会史话	刘才赋
	158	旗人史话	刘小萌
近代中外关系系列（13种）	159	西洋器物传入中国史话	隋元芬
	160	中外不平等条约史话	李育民
	161	开埠史话	杜语
	162	教案史话	夏春涛
	163	中英关系史话	孙庆
	164	中法关系史话	葛夫平
	165	中德关系史话	杜继东
	166	中日关系史话	王建朗
	167	中美关系史话	陶文钊
	168	中俄关系史话	薛衔天
	169	中苏关系史话	黄纪莲
	170	华侨史话	陈民 任贵祥
	171	华工史话	董丛林

系列名	序号	书名	作者
近代精神文化系列（18种）	172	政治思想史话	朱志敏
	173	伦理道德史话	马 勇
	174	启蒙思潮史话	彭平一
	175	三民主义史话	贺 渊
	176	社会主义思潮史话	张 武　张艳国　喻承久
	177	无政府主义思潮史话	汤庭芬
	178	教育史话	朱从兵
	179	大学史话	金以林
	180	留学史话	刘志强　张学继
	181	法制史话	李 力
	182	报刊史话	李仲明
	183	出版史话	刘俐娜
	184	科学技术史话	姜 超
	185	翻译史话	王晓丹
	186	美术史话	龚产兴
	187	音乐史话	梁茂春
	188	电影史话	孙立峰
	189	话剧史话	梁淑安
近代区域文化系列（一种）	190	北京史话	果鸿孝
	191	上海史话	马学强　宋钻友
	192	天津史话	罗澍伟
	193	广州史话	张 苹　张 磊
	194	武汉史话	皮明庥　郑自来
	195	重庆史话	隗瀛涛　沈松平
	196	新疆史话	王建民
	197	西藏史话	徐志民
	198	香港史话	刘蜀永
	199	澳门史话	邓开颂　陆晓敏　杨仁飞
	200	台湾史话	程朝云

《中国史话》主要编辑
出版发行人

总 策 划	谢寿光	王　正	
执行策划	杨　群	徐思彦	宋月华
	梁艳玲	刘晖春	张国春
统　　筹	黄　丹	宋淑洁	
设计总监	孙元明		
市场推广	蔡继辉	刘德顺	李丽丽
责任印制	岳　阳		